服　　　裝剪
立體裁
　　與
設　　　計
draping
for
fashion design

目錄
contents

CHAPTER 2
立體裁剪基礎準備

CHAPTER 3
裙子設計

CHAPTER 5
領子設計

CHAPTER 6
袖子設計

附錄

作者序

以玩布的概念出發

對於從來沒有接觸過立體裁剪的初學者或是習慣平面打版的同學而言，立體裁剪總給人不知從何下手或是難以操作的刻板印象。

其實，立體裁剪就是把布料直接覆蓋在人體上或人台上，透過剪接、折疊、扭轉、縮縫、抓皺、別住等技法，準確地把想要的造型，直接在布料上進行裁剪，創造「人」與「布」之間的3D空間。

透過3D立體裁剪的方式操作，好處是可以直接看到衣服製作後的效果，包括所有的結構特點、外輪廓型態與3D空間感，都直接地呈現在我們的面前。以玩布料的概念做出發，立體裁剪並不複雜，訓練眼睛的觀察、手的觸摸、心的體會，培養眼、手、心合一，讓線條靈活生動、自然呈現，讓一塊平凡的布料變成一件流行服飾。

在此感謝實踐大學推廣教育部的王心微老師，一直從旁協助與鼓勵我出書，劉美蓮教授、鄭淑玲老師給我很多寶貴的建議及審稿，以及李惠菁老師在百忙之中撥空幫我畫服裝插畫。另外，特別感謝天韻社的曾老闆，願意幫我特別製作黑色人台，讓白色胚布在黑色人台上操作與拍攝時更為明顯；還有堇花貓工具代購的溫又靜同學，提供工具使用與裁布圖描繪且協助拍攝，姜筱梅同學現場記錄與協助拍攝，以及樣本製作李美蓉、林彩蓮同學，模特兒陳儀倩、林莛綸同學，化妝師羅立軒同學，造型師翁子顏同學，提供飾品搭配的麋古MIGU公司。最後感謝我的父母和城邦麥浩斯出版社團隊促使本書出版，非常感恩。

張惠晴

立體裁剪是藉由抽象的服裝設計靈感概念，透過立體裁剪技法的操作，將平面設計圖轉換為具體呈現的服裝立體線條，主要特色在於設計者得以直接與線條產生對話。

服裝與身體之間存在一種距離，是一種內部的虛空間，服裝又存在另一種外在空間中的實體，此實體形態讓我們看見真實服裝的存在；轉換為服裝設計線條來看，通過立體裁剪介入，使得此空間於連結衣服與身體的造型過程中，不斷演繹著線條美學。

本書作者張惠晴了解立體裁剪的重要，將多年教學經驗重新整理編排，並與時尚造型結合，書中詳細介紹立體裁剪的基本觀念、製作步驟技法和各項細部的操作及重點提示等，將基礎服裝的版型結構藉由立體裁剪技法延伸，引導學習者無限的創意空間，進而使服裝造型有新的可能性發生。非常樂見本書出版，它將提供欲學習服裝立體裁剪與設計者更佳的學習途徑！

劉美蓮

實踐大學高雄校區服飾設計與經營學系
專任助理教授

張惠晴老師的《服裝立體裁剪與設計》一書終於付梓，這本書整合了張老師多年來在產學領域的專業知識與經驗分享，內容豐富非常值得參考。初學的讀者只要按部就班，依據書上詳細的圖文對照說明，循序漸進地跟著做，就能完成自己的作品，並學到立裁製作的要領；而已經有基礎的讀者也可以試著運用書中所教的各種延伸技巧，變化出更多的服裝款式，讓設計能力更上一層樓。

相信這本書的出版能嘉惠所有對立體裁剪或服裝設計有興趣的朋友，讓大家對服裝結構有更深入的認識，收穫滿滿！

鄭淑玲

實踐大學 服裝設計系講師

立體裁剪的基本概念

人類最初為了保護身體，用樹葉、樹皮、獸皮等天然素材做簡單的遮蓋，漸漸地紡織發明後，便把一塊布放在身體上，以自由纏繞、覆蓋的方式製成簡易的服裝。

隨著時代的變遷，人們在穿著上，會依據氣候環境、個人喜好、社會地位以及服裝的設計線條與功能性等因素，搭配出各式各樣的流行服飾。

為了展現個人特色與風格，選擇服裝前，必須仔細觀察人體體型與曲線的變化，再加上對立體的觀察力、對美的鑑賞力，以及對服裝的輪廓線、剪接線、裝飾線等通盤的考量；因此，3D立體裁剪近幾年漸漸地被服裝業界重視，也越來越被廣泛且深入的運用，以製作出更多樣、更切合需求的立體造型服裝。

立體裁剪與平面打版的區別

3D立體裁剪與2D平面打版的操作方法雖然不同，但都是服裝構成的重要方法。

服裝的構成方法，主要分為以下三種：

2D平面打版法

根據人體測量出的尺寸，按照既有的計算公式，在紙上進行操作，以合併、展開、折疊、傾倒等技法，畫出各式各樣的款式。對於初學者來說較容易入門，但尺寸較固定，鬆份的比例也較制式化，且對於布料的垂墜性、厚薄度無法精準掌握，所以往往需要多次修改版型。

3D立體裁剪法

使用接近人體比例的人台，將布直接覆蓋在人台上，運用剪接、折疊、縮縫、抓皺、別住等技法，一邊裁剪一邊做出造型，可以在製作當下明確看到布料與人體之間的3D立體空間感，以及人體各部位的線條與結構，直接快速地製作出設計師所要求的版型；但因裁剪過程中需要耗費許多布料，所以製作成本較高。

2D平面打版法與3D立體裁剪法並用

若遇到比較特殊的布料或誇張的造型，可先用平面打版法畫出外輪廓版型，製作出胚樣穿在人台上，局部細節再運用立體裁剪法抓出造型；若能將兩種技法熟練地結合運用，在服裝造型上必定能完美呈現。

人體模型

人體模型簡稱人台,是模仿人體線條所製作的,也是3D立體裁剪中最重要的工具。人台分成裸體人台與工業用人台兩種,裸體人台不含鬆份,製作時可以清楚掌握人體與布料之間的空間;而工業用人台是含鬆份的,通常是針對成衣生產時所選用的。

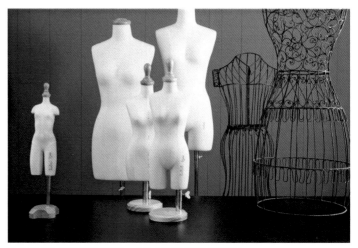

人台有各式各樣的類型,其目的與用途皆不同。

人台基本上可分為裙裝與褲裝兩種;左邊為裙裝人台,右邊為褲裝人台。

本書為了讓讀者更容易看清楚步驟,特地訂製裸體黑色人台。

胚布的種類

一般進行3D立體裁剪時，都是選用白色的胚布，而胚布種類有很多，一般可略分為三種。

1. 薄胚布：適合做柔軟與垂墜性的造型。
2. 中厚胚布：軟硬適中，布紋易分辨，適合初學者使用。
3. 厚胚布：適合做外套、風衣等造型。

基本工具介紹

❶

❷

❸

❹

❺

❻

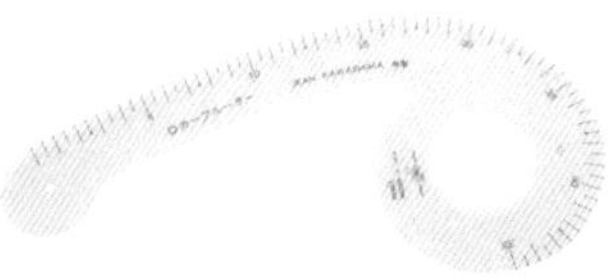

❼

❽

❾

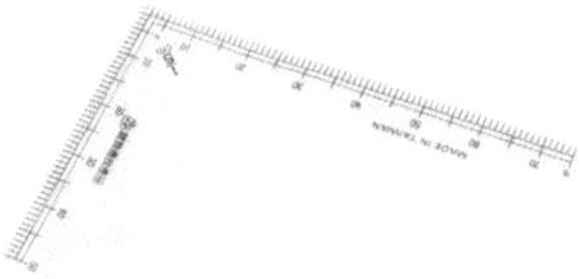

❿

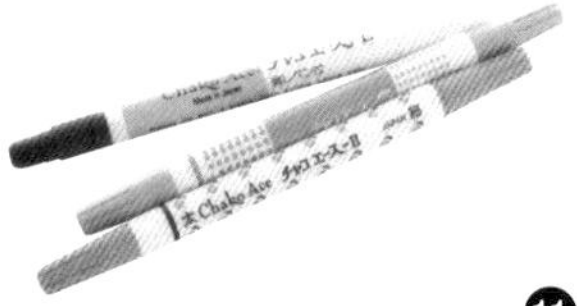

⓫

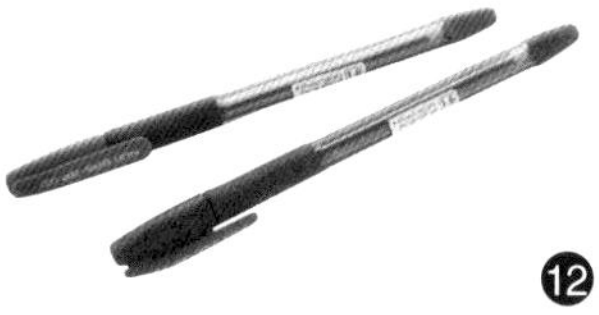

⓬

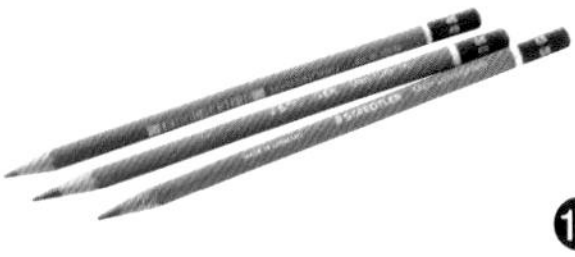

⓭

⓮

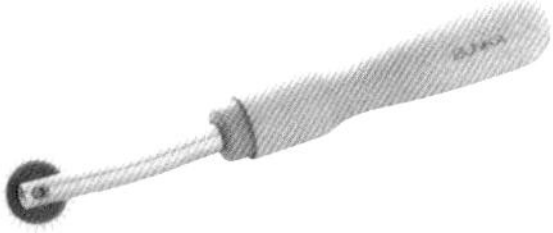

⓯

⓰

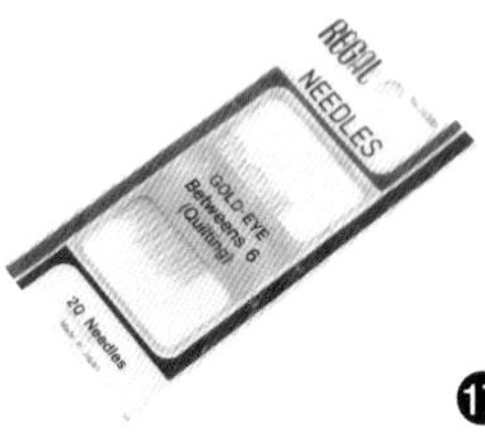

⓱

⓲

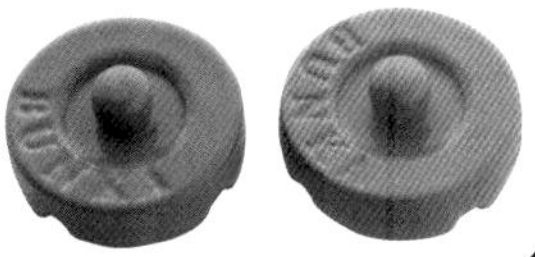

⓳

⓴

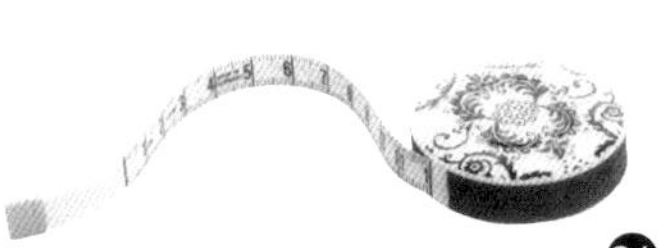

㉑

1 剪刀
選用重量較輕，尖端鋒利，9~10吋長的最好使用。

2 絲針
選用0.5mm立體裁剪專用針，針尖滑順且細長。

3 鉛錘
確認前、後中心線是否垂直時用。

4 標示帶2.5mm
標示基本結構線用黑或藍色，設計線用紅或橘色。

5 熨斗
布料使用前必須用熨斗，將皺褶處整燙平整並整理布紋方向。

6 方格尺50cm
測量尺寸用、畫直線用。

7 D型曲線尺／雲尺
畫領圍線、袖襱線或較彎曲線條用。

8 大彎尺
畫弧線用。

9 L型直角尺50cm
測量尺寸用、畫直線與弧線用，本書示範中亦用來輔助畫裙長用。

10 三角板／四分之一縮尺
本書示範中用來輔助畫裙長用。

11 消失筆
做記號用，記號線會隨著時間自然消失。

12 紅與藍色原子筆
本書示範中紅筆為畫直布紋記號用，藍筆為畫橫布紋記號用。

13 4B或6B鉛筆
胚布裁剪完成時，畫完成線用。

14 橡皮擦
擦去記號用。

15 鋸齒滾輪／點線器
將布上的線條拓印在紙上時用。

16 白線
以棉質尤佳。（本書示範製作袖子時需要縮縫用）

17 手縫針
0.5mm細長針尤佳，容易刺穿胚布。（本書示範製作袖子時需要縮縫用）

18 白報紙
畫版型與拓版型用。

19 文鎮／紙鎮
壓布與紙型，使它不會移動。

20 針包
插置絲針用，為了操作方便，通常將針包放在手腕上。

21 皮尺或捲尺
測量尺寸用。

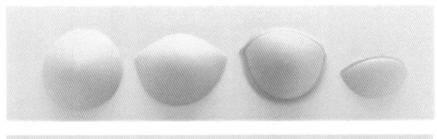

輔助工具

各式胸墊
依照服裝的款式，可適當調整胸部線條與尺寸，其功用在修正人台體型與做造型時使用。

各式肩墊
依照服裝的款式，可適當調整肩部線條與尺寸用，其功用在修正人台體型與做造型時使用。

HL

測量項目和標準尺寸

測　量　項　目	M size（9號）參考尺寸表（cm）
1.胸圍	82～84
2.胸下圍	70～72
3.腰圍	63～65
4.腹圍	84～86
5.臀圍	90～92
6.手臂根部圍	36～38
7.上臂圍	26～28
8.肘圍	23～25
9.手腕圍	15～17
10.手掌圍	20～22
11.袖長	52～54
12.肘長	28～30
13.頭圍	54～56
14.頸圍	36～38
15.背肩寬	37～39
16.背寬	33～34
17.胸寬	32～33
18.乳間寬	16～17
19.背長	36～38
20.後長	40～41
21.乳高	23～25
22.前長	42～43
23.腰長	18～20
24.股上長	26～27
25.股下長	67～68
26.膝長	55～57
27.褲長	93～95
28.前後褲襠一圈	67～69
29.大腿圍	53～55
30.小腿圍	33～35
31.總長（背長+褲長）	134～136

＊此表為20~25歲女生參考尺寸

人體模型各部位名稱

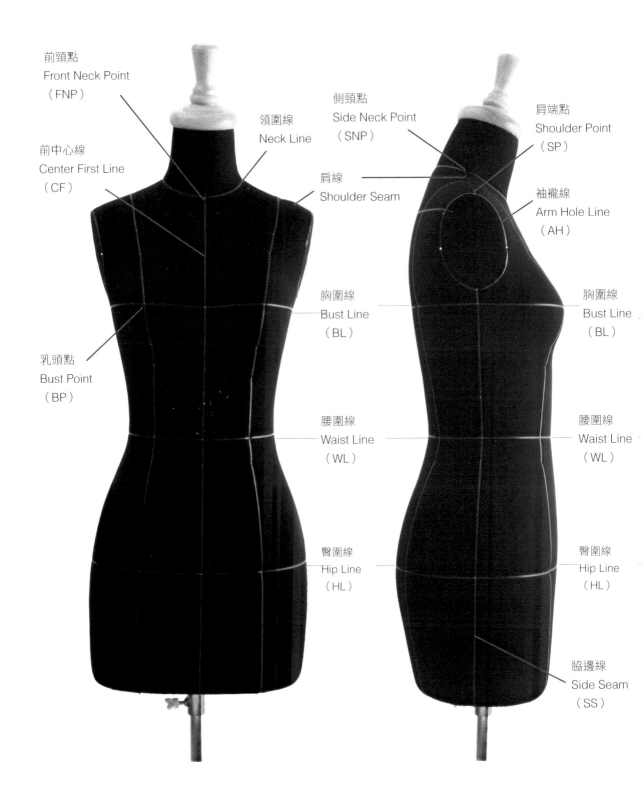

前頸點
Front Neck Point
（FNP）

領圍線
Neck Line

側頸點
Side Neck Point
（SNP）

肩端點
Shoulder Point
（SP）

前中心線
Center First Line
（CF）

肩線
Shoulder Seam

袖襱線
Arm Hole Line
（AH）

胸圍線
Bust Line
（BL）

胸圍線
Bust Line
（BL）

乳頭點
Bust Point
（BP）

腰圍線
Waist Line
（WL）

腰圍線
Waist Line
（WL）

臀圍線
Hip Line
（HL）

臀圍線
Hip Line
（HL）

脇邊線
Side Seam
（SS）

領圍線
Neck Line

後頸點
Back Neck Point
（BNP）

肩胛骨線

後中心線
Center Back Line
（CB）

人體手臂模型

一般可分為有拉鍊和無拉鍊兩種，做
袖子造型時使用。（本書為了讓讀者有
清楚步驟，特別訂製了黑色手臂。）

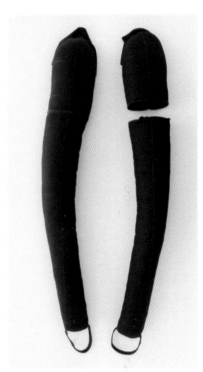

有拉鍊式手臂

拉鍊可拆下，方便操作。

無拉鍊式手臂

人台標示線貼法

市面上販售的人台並沒有附上貼好的基礎結構線，所以「如何將人體結構線，精準地標示在人台上，並貼好標示線」這個步驟就非常重要，且立體裁剪最後完成的樣版精準度，取決於一開始在人台上貼出各部位的比例與線條是否準確、漂亮。

標示線操作步驟

首先，要先訓練自己的眼睛，觀察人台上的垂直與水平線，並準備好標示帶、消失筆（本書因使用黑色人台，故以白色粉片代替）、絲針（本書為求示範圖片清楚，故以珠針代替）、鉛錘、皮尺、L型直角尺、三角板、紙膠帶。

腰圍線

1 將人台放置於平穩的桌面上，從人台正、側面找出腰圍最細的位置（或用皮尺綁住），用消失筆畫線做記號。

2 用L型直角尺測量桌面到腰圍最細位置的尺寸。L型直角尺上用紙膠帶把三角板黏貼上去。

3 沿著腰圍，移動L型直角尺與三角板，用消失筆水平畫一圈記號。

4 跟著消失筆的記號貼上標示帶，從人台的左邊開始貼出腰圍線。

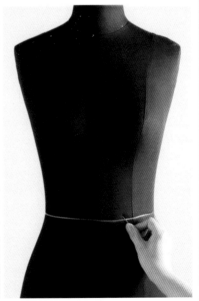

當標示線貼歪時。

用絲針挑起標示線，以左右滑動絲針的方式調整標示線位置。

胸圍線

1 以目測方式從人台側面找出胸部最凸出的點，此點為B.P點，用絲針釘住做記號。

2 左右B.P點須保持水平，距離約16~17公分稱為乳間寬，用絲針釘住做記號。

3 用L型直角尺測量，從桌面量到B.P點的尺寸。L型直角尺上用紙膠帶把三角板黏貼上去，沿著胸圍移動L型直角尺與三角板，用消失筆水平畫一圈記號。

4 跟著消失筆的記號貼上標示帶，從人台的左邊開始貼出胸圍線。

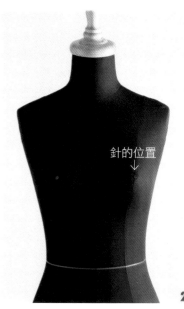

針的位置
↓

臀圍線

1 從人台正側面的腰圍線往下量腰長約18~20公分,用絲針釘住做記號。

2 用L型直角尺測量從桌面量到腰長的絲針位置,用消失筆水平畫一圈,再取標示帶,從人台的左邊開始貼出臀圍線。

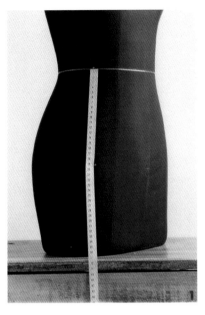

POINT
胸、腰、臀圍線貼好後,一定要確認是否有保持水平,尤其是側面。

前中心線

1 用皮尺,從人台的右肩點量至左肩點的長度除以2,用絲針釘住做記號。

2 從絲針的位置,往下垂直懸掛一條鉛錘線(無鉛錘時,可以懸掛小剪刀代替)。

3 確定前中心線的位置垂直在人台的正中間後,用消失筆畫出前中心線,再用標示帶貼出前中心線。

鉛錘→

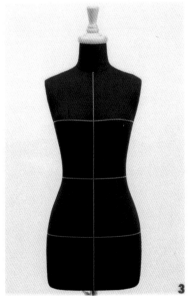

後中心線

1 同樣的用皮尺，從人台的左肩點量至右肩點的長度除以2，用絲針釘住做記號。

2 把鉛錘線懸掛在絲針上，確定後中心線的位置垂直在人台的正中間後，用消失筆畫出後中心線。

3 再用標示帶貼出後中心線。

POINT
前、後中心線貼好後，用皮尺測量左半邊與右半邊的距離是否相等。

領圍線

1 從後中心的腰圍線往上量背長約36~38公分，此點為後頸點。

2 從後頸點用皮尺繞一圈，量領圍約36~38公分，觀察後頸點到側頸點再找到前頸點。

3 調整領圍的圓潤度後，用消失筆畫一圈。

4 取標示帶，從後頸點開始貼出領圍線。

側頸點

1 用皮尺量，從後頸點順著領圍線往前量約7.5~8公分為側頸點，用消失筆做記號。

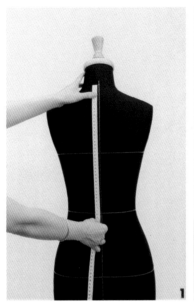

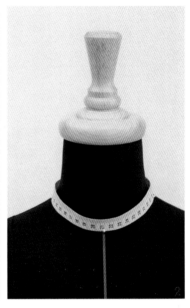

POINT
領圍線與後中心線要保持左右各1.5～2公分的水平。前中心線要保持左右各0.5公分的水平。

脇邊線

1 把人台右半邊的胸、腰、臀圍線從前中心線水平量到後中心線的長度除以2，用消失筆做記號。

2 用標示帶暫時貼出脇邊線。（此脇邊線會讓人台看起來有虎背熊腰的感覺。）

3 微調脇邊線，讓身材看起來纖細。先用皮尺從側頸點經過肩點，再到胸圍線往後微調約1.5~2公分，腰圍線往後微調約1~2公分，臀圍線往後微調約0.5~1公分（微調的尺寸為前後差），仔細觀察前、後的胸、腰、臀圍的比例是否漂亮。

4 確定脇邊線的位置後，用消失筆畫記號線，再用標示帶貼出脇邊線。左半邊同樣做法。

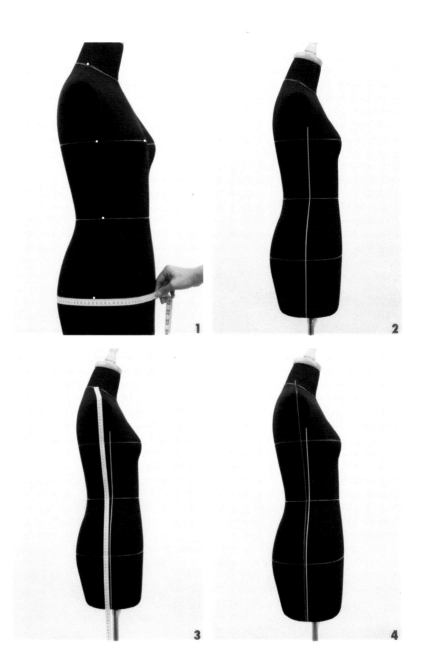

袖櫳線

1 在袖圈，從胸圍線往上量約7.5公分，用消失筆畫線做記號。

2 量前胸寬約32~33公分，用消失筆畫線做記號。胸寬與袖圈交叉處為前腋點。

3 量後背寬約33~34公分，用消失筆畫線做記號。背寬與袖圈交叉處為後腋點。

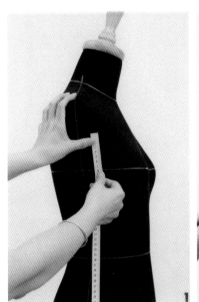

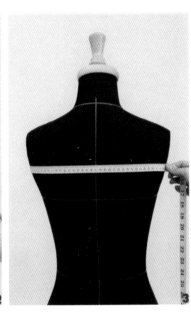

4 從肩點用皮尺繞一圈，量手臂根部圍是約36~38公分，觀察肩點到前腋點再到後腋點，整圈的手臂根部調整圓潤度，手臂要微微往前傾。

5 用消失筆畫一圈。

6 再用標示帶從肩點開始貼出袖襱線。前、後腋點用珠針釘住。

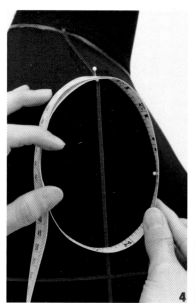

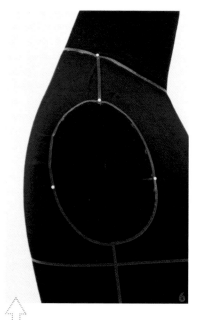

POINT
1.仔細觀察袖襱線是否有微微往前傾與整圈的圓潤度。
2.量前、後袖襱尺寸，後袖襱大於前袖襱約1cm。

前公主線

1 肩線的長度除以2，用消失筆做記號，此點為基準點①。

2 前中心線至B.P點約8~8.5公分，用消失筆做記號，此點為基準點②。

3 腰圍線處從前中心線往脇邊線約7~7.5公分，用消失筆做記號，此點為基準點③。

4 臀圍線處從前中心線往脇邊線約9~9.5公分，用消失筆做記號，此點為基準點④。

5 從基準①往下順到基準④再到下擺，用標示帶貼出一條自然優美的公主線線條。

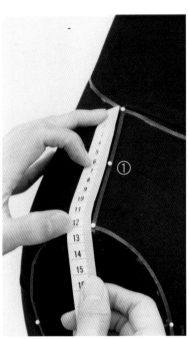

2

③

④

4

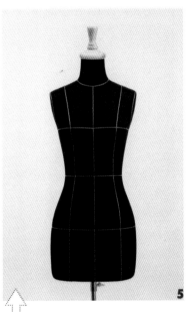

5

POINT
此線條會影響腰部與臀部的粗細與大小。

後公主線

1 肩線的長度除以2，用消失筆做記號，此點為基準點①。

2 腰圍線處從後中心線至脇邊線的長度除以2，用消失筆做記號，此點為基準點②。

3 臀圍線處從後中心線往脇邊線約9.5~10公分，用消失筆做記號，此點為基準點③。

4 從基準①往下順到基準③再到下擺，用標示帶貼出一條自然優美的公主線線條。

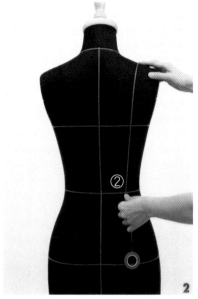

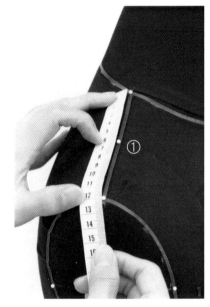

當標示線全部貼好後，在所有交叉處釘入絲針固定。

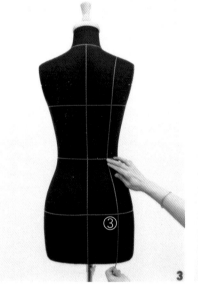

POINT
此線條會影響腰部與臀部的粗細與大小。

胚布的布紋整理

在立體裁剪操作時，為了讓作品的精緻度與精準度提高，必須先將胚布的經緯紗整燙平整。

胚布的布紋整理方法

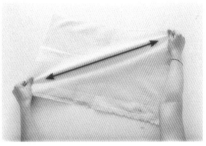

1 胚布從布邊剪1公分，再用手以撕開的方式，把胚布的布邊去除，確定經緯紗的方向。

2 將歪斜的胚布從斜對角方向拉伸，使直向與橫向布紋相互垂直。

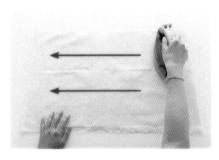

3 以平行或垂直的方向移動熨斗，將皺皺的胚布整燙平整，務必讓經緯紗呈現出垂直狀態。

絲針的基礎別法

在立體裁剪操作過程中，絲針的別法是非常重要的。若別法不正確會影響服裝造型與視覺上的誤差。在操作進行中，遇到直線時絲針的距離可稍寬，遇到曲線時絲針的距離要密集一點，且絲針應統一固定方向為直別、橫別或斜別，這樣就能維持服裝整齊統一的視覺效果。（本書為求示範圖片清楚，故以珠針代替）

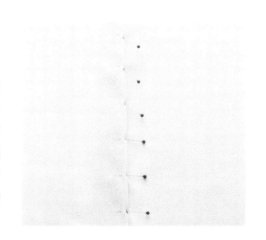

絲針固定法

抓合固定法

布料與布料抓合於表面，用絲針直別固定；一般用於尖褶、脇邊線、肩線、剪接線。

蓋別固定法

上層布料的縫份折入，對齊下層布料的完成線，蓋上後用絲針橫別或斜別固定；一般用於脇邊線、肩線、剪接線。

重疊固定法

布料與布料上下重疊在一起後，用絲針直別固定完成線上；一般用於公主線、帕奈兒線。

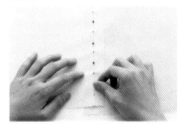

藏針固定法

上層布料的縫份折入，對齊下層布料的完成線，蓋上後用絲針從上層布料的折線扎入下層布料別0.2~0.3公分，再往上層布料的折線中別0.2~0.3公分後，扎入下層布料即完成；完成後從外觀上只會看見絲針的頭，一般用於袖子與領子。

下襬固定法

將下襬縫份折入，從表面用直別固定；
專屬於裙襬、衣襬使用。

胚布與人台固定法

將布料固定在人台上，取2支絲針以V字
固定、倒V字固定或取1支絲針橫別固
定。

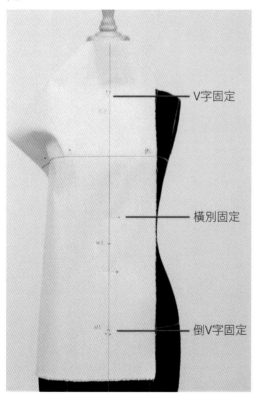

記號線畫法

製作立裁時，一般用消失筆或4B鉛筆畫記
號線，可用點、線的方式作記號，但在交
叉處或褶子的地方，則一定要用十字畫法
作記號。

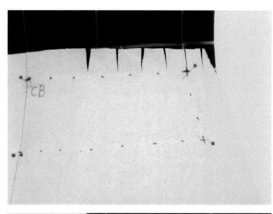

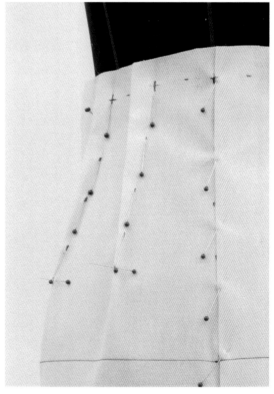

拓成紙版的方法

當立體裁剪完成後，確定要大量生產時，就需要把立裁樣版拓成紙版；跟著以下步驟，將胚布從人台上取下，並拓成紙版。

1 先把立裁樣版整燙平整，並在白報紙上畫出中心線與臀圍線等基礎線後，將立裁樣版放在白報紙上，對齊中心線與臀圍線，用文鎮壓住。

2 用鋸齒滾輪沿著立裁樣版上的線條，精準地滾過。

3 檢查白報紙上是否有留下齒痕。

4 最後，按照齒痕將樣版線條描繪下來，即完成拓版。

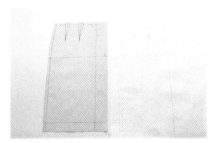

基本製圖符號

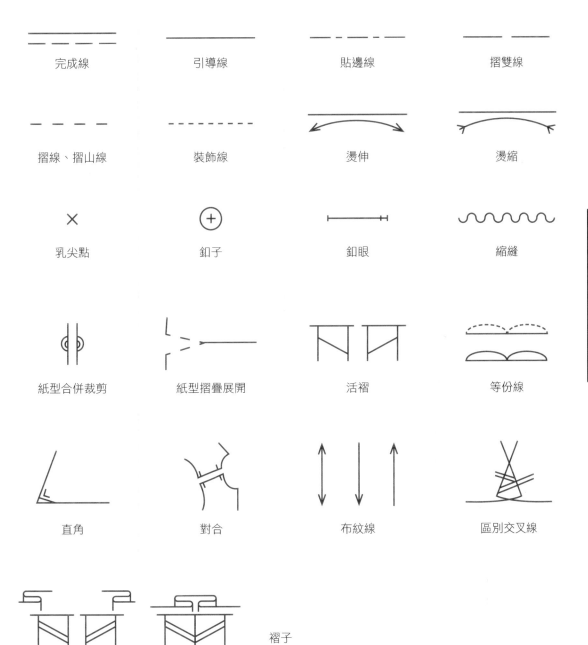

完成線　　　　引導線　　　　貼邊線　　　　摺雙線

摺線、摺山線　　裝飾線　　　　燙伸　　　　　燙縮

乳尖點　　　　釦子　　　　　釦眼　　　　　縮縫

紙型合併裁剪　紙型摺疊展開　活褶　　　　　等份線

直角　　　　　對合　　　　　布紋線　　　　區別交叉線

褶子

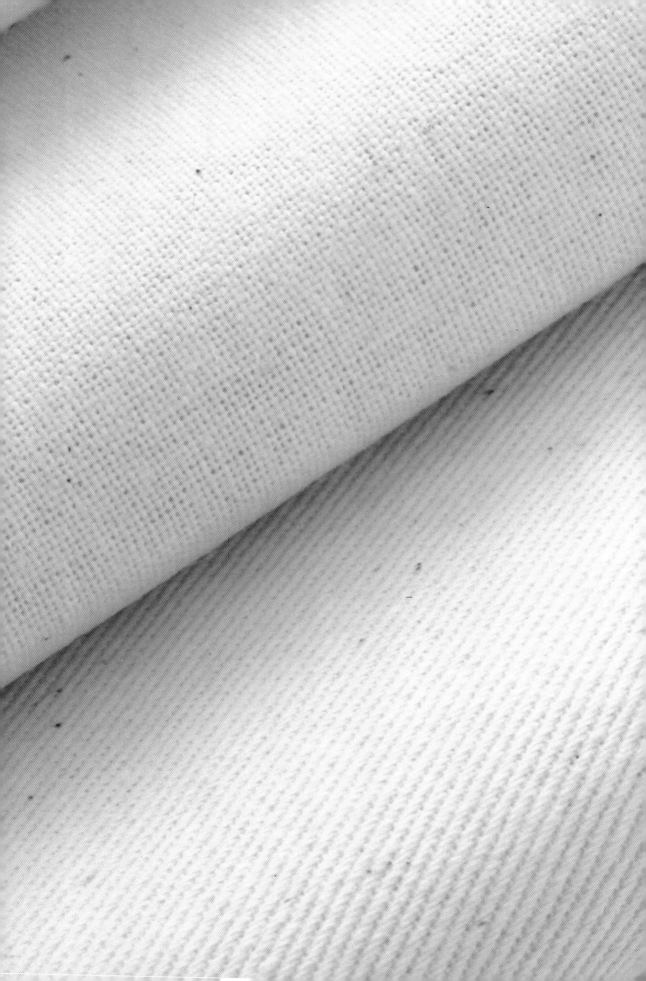

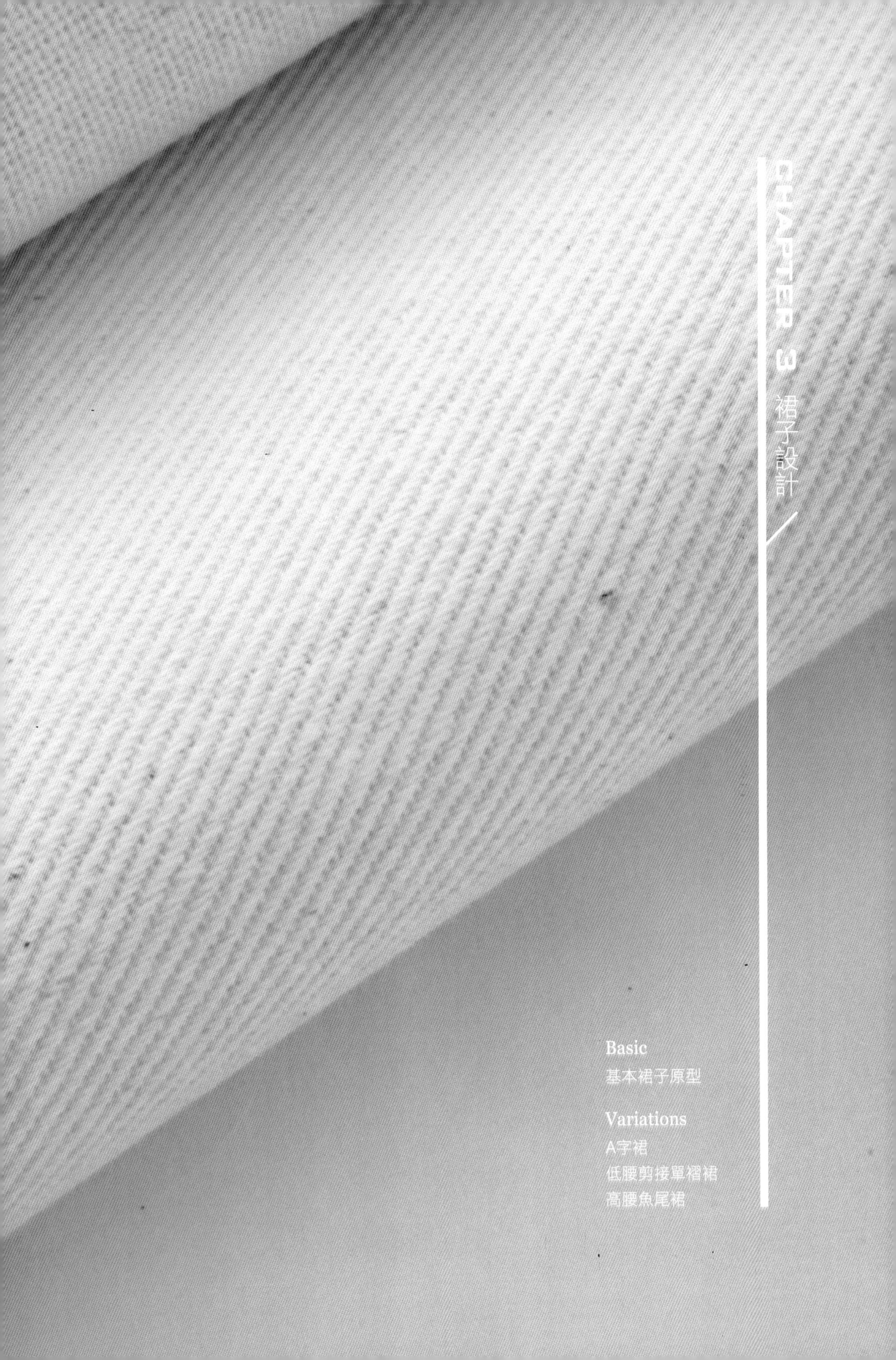

CHAPTER 3 裙子設計

Basic

基本裙子原型

Variations

A字裙

低腰剪接單褶裙

高腰魚尾裙

裙子構成原理

人體下半身體日常生活的動作有走、跑、上下樓梯、坐下與蹲下等，根據這些動作變化，腰圍會變大1~2.5公分，臀圍會變大3~4公分，但若把裙子的腰圍加大到2.5公分時，在靜止不動的狀態下鬆份會過多，影響外觀。一般而言，因人體肌肉是有彈性的，所以裙子的腰圍鬆份加1公分、臀圍鬆份加4公分便可以。

人體側面觀察

仔細觀察人體下半身體型，腰圍纖細、臀部較大：從側面觀察前身體，小腹圍微凸、後身體的臀部則比較翹。

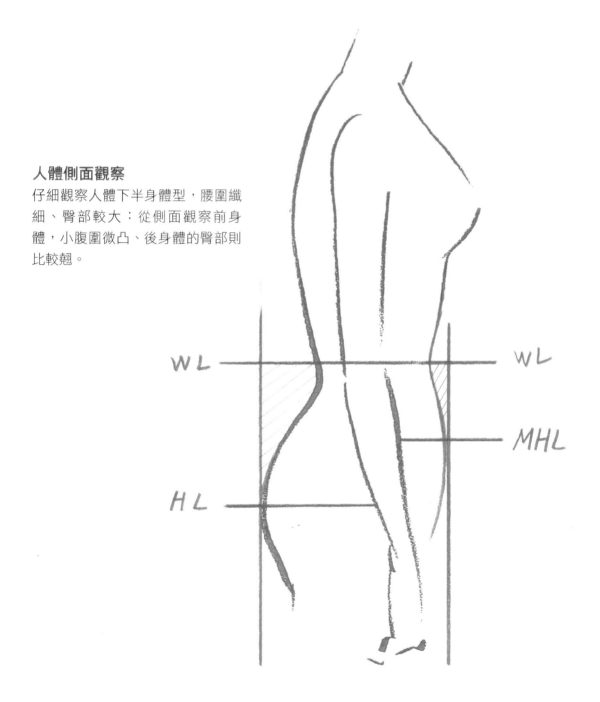

WL

WL

MHL

HL

腰圍的鬆份處理

將布料包覆前小腹與後臀部後，腰圍處會有多出來的寬鬆份，可以用尖褶、活褶、單褶、細褶、波浪等五種基本的技法處理，轉變成各式各樣的裙型，或運用剪接線設計來處理。

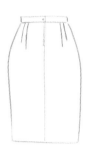

步行與裙子下襬的關係

當在設計裙子的長度時，必須考慮行走時的步幅寬度。以基本裙子為例，裙長一旦過膝蓋，步行所需要的裙襬寬度就會不足，所以必須開叉或加入單褶，來增加裙子下襬的活動量。

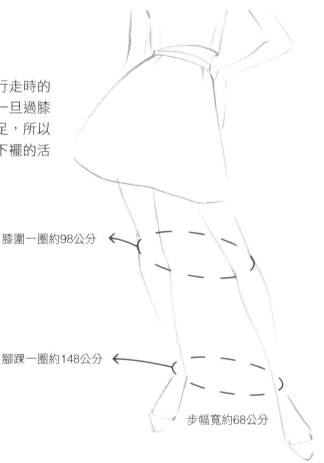

膝圍一圈約98公分 ←

腳踝一圈約148公分 ←

步幅寬約68公分

基本
裙子原型

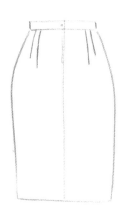

結構分析

▌ 裙型外輪廓
直筒型 (H-Line)

▌ 結構設計
尖褶

▌ 臀腰差處理方法
前、後片各2支尖褶

▌ 臀圍鬆份
一圈設定4～6公分

胚布準備

長度 依照設計的裙長，腰圍線往上加3~5公分與裙長往下加5~7公分的粗裁量。

寬度 依照設計的裙襬寬，中心線往外加6公分與脇邊線往外加5公分的粗裁量。

基準線 前、後中心線用紅筆畫線，臀圍線用藍筆畫線。

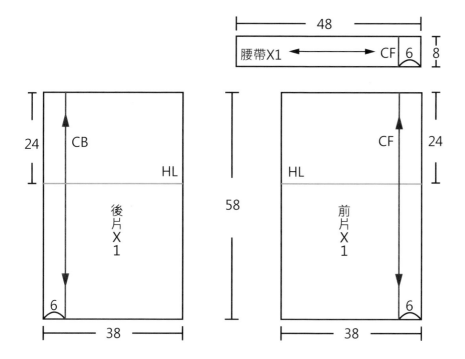

人台準備

用紅色標示帶在人台上貼出所需要的結構線：

1. 前片尖褶：第一支尖褶的位置在公主線上，第二支尖褶的位置在公主線與脇邊線的中間，褶長是腰圍到臀圍的一半。

2. 後片尖褶：第一支尖褶的位置在公主線往後中心約0.5~0.7公分，褶子長度約臀圍線往上5公分處，第二支尖褶的位置在第一支褶子與脇邊線的中間，褶子長度比第一支褶子短1~1.5公分，後中心的腰圍線往下降0.7~1公分。

裙子前片

1 胚布上所畫的前中心線和臀圍線須對齊人台上的前中心線和臀圍線，依次用絲針V字固定法固定前中心線與腰圍線交叉處、臀圍線處，下襬處用倒V固定。

2 胚布的臀圍線上留1~1.5公分的鬆份（鬆份量為整圈鬆份除以四）。

3 用絲針固定脇邊線與臀圍線處，下襬處用倒V固定，形成直筒形狀。

4 臀圍線往上垂直至腰圍線，腰圍脇邊推掉約2~2.5公分後，用絲針固定脇邊線與腰圍線處，此時脇邊的髖關節處會出現約0.2~0.3公分的鬆份，可用縮縫技法處理。

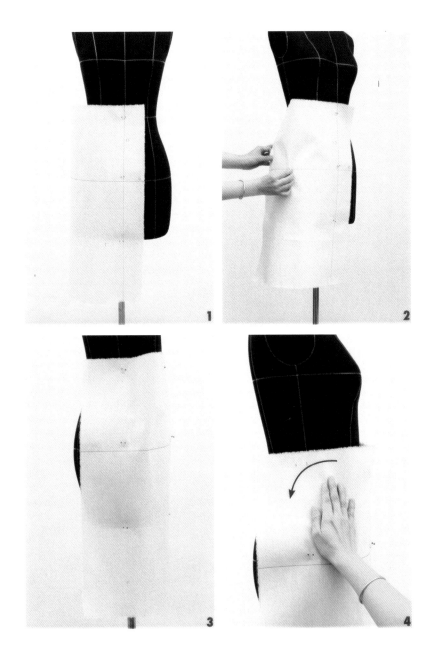

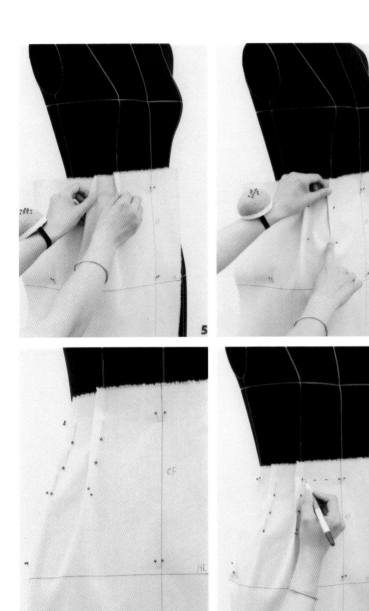

5 腰圍剩餘的鬆份平均分配為2支尖褶，按照標示帶貼的位置。

6 褶長是腰圍到臀圍的一半，用絲針抓別法固定尖褶。

7 尖褶的別法：確定褶寬後用絲針抓別固定，確定褶長後，褶尖點用絲針橫別，上下順平後用抓別法固定。

8 觀察尖褶的位置、褶寬、褶長、褶向是否美觀與均衡後，在腰圍線、褶子、脇邊線用消失筆或4B鉛筆畫上記號。

9 沿著腰圍線往上留1.5公分的縫份後，將多餘的布修掉。

10 沿著脇邊線往外留2公分的縫份後，將多餘的布修掉。

11 前片裙子完成。

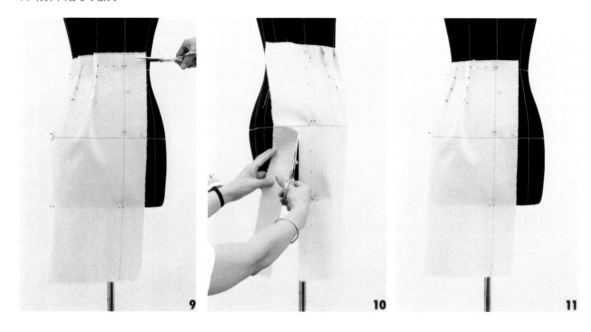

裙子後片

1 胚布上所畫的後中心線和臀圍線須對齊人台上的後中心線和臀圍線，依次用絲針V字固定法固定後中心線與腰圍線交叉處、臀圍線處，下襬處用倒V固定。

2 胚布的臀圍線上留1~1.5公分的鬆份（鬆份量為整圈鬆份除以四）。

3 用絲針固定脇邊線與臀圍線處，下襬處用倒V固定，形成直筒形狀。臀圍線往上垂直至腰圍線，腰圍脇邊推掉約2~2.5公分後，用絲針固定脇邊線與腰圍線處，此時脇邊的髖關節處會出現約0.2~0.3公分的鬆份，可用縮縫技法處理。

4 腰圍剩餘的鬆份平均分配為2支尖褶，按照標示帶貼的位置。

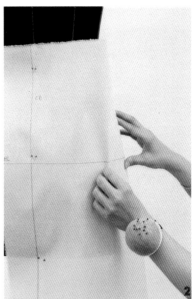

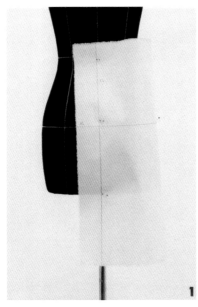

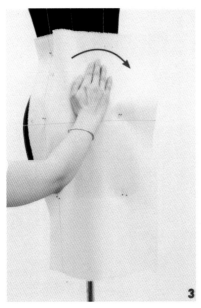

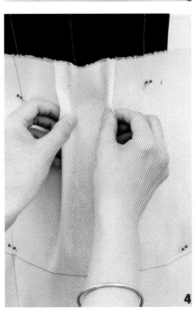

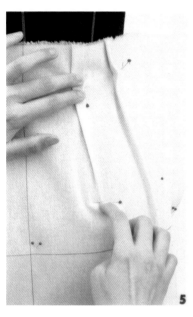

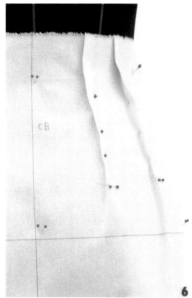

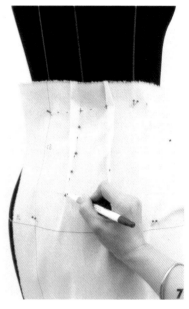

5 褶子長度約臀圍線往上5公分處，第二支尖褶的位置在第一支褶子與脇邊線的中間，褶子長度比第一支褶子短1~1.5公分，用絲針抓別法固定尖褶。

6 尖褶的別法：確定褶寬後用絲針抓別固定，確定褶長後，褶尖點用絲針橫別，上下順平後用抓別法固定。

7 觀察尖褶的位置、褶寬、褶長、褶向是否美觀與均衡後，在腰圍線、褶子、脇邊線用消失筆或4B鉛筆畫上記號。

8 沿著腰圍線往上留1.5公分的縫份後，將多餘的布修掉。

9 沿著脇邊線往外留2公分的縫份後，將多餘的布修掉。

10 後片裙子完成。前片脇邊的縫份往內折。

11 前、後脇邊用絲針蓋別法固定。

12 量出裙子長度後畫上記號。

13 把腰帶放上去，用絲針橫別固定。仔細觀察外輪廓，寬鬆份、尖褶的位置是否與設計稿相符。

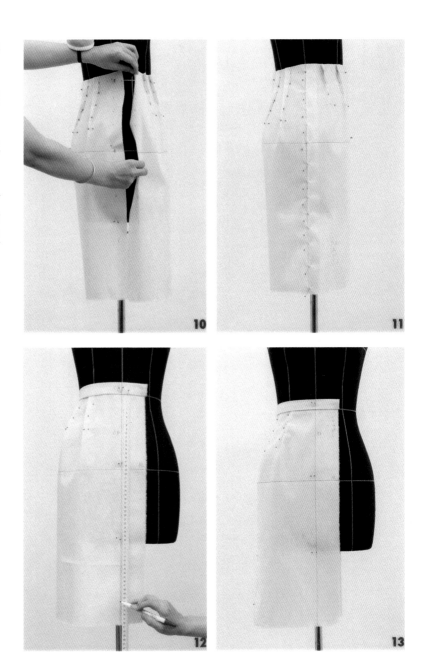

畫腰圍線

1 將胚樣從人台拿下來,在桌面上把基本裙子攤平,將所有尖褶倒向後中心線,按照腰圍記號線將線條畫順,須注意前、後腰圍線與前、後中心線要用方格尺畫一小段垂直線約3~5公分。

2 再用D型曲線尺連接至脇邊線,完成腰圍線。

3 縫份留1公分,將多餘的布剪掉。

畫下襬

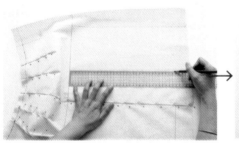

4 按照前中心線上所畫的裙長記號,用方格尺從臀圍線往下量至裙長記號,此段尺寸在脇邊線與後中心線的下襬做記號。用方格尺畫線後完成下襬線,縫份留4公分,將多餘的布剪掉。

畫脇邊線

5 把脇邊的絲針拆下,前、後脇邊分開。

6 臀圍線至下襬用方格尺畫直線,注意臀圍寬度與下襬寬度是一樣的。

7 腰圍線至臀圍線用大彎尺畫弧線，完成脇邊線。

8 縫份留1.5公分，將多餘的布剪掉。

畫尖褶

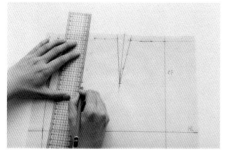

9 把尖褶的絲針拆下後，前、後尖褶打開用方格尺畫直線至褶尖點，再次確認褶長與褶向。

10 完成立裁樣版。

修版後完成

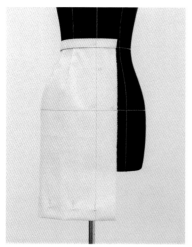

前面

側面

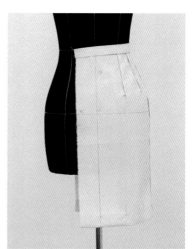

後面

A字裙

結構分析

▌ **裙型外輪廓**
　傘狀（A-Line）

▌ **結構設計**
　尖褶

▌ **臀腰差處理方法**
　前、後片各1支尖褶與轉
　移至下襬

▌ **臀圍鬆份一圈設定**
　小A：6公分，中A：8公
　分，大A：10公分

胚布準備

長度 依照設計的裙長，腰圍線往上加3~5公分與裙長往下5~7公分的粗裁量。

寬度 依照設計的裙襬寬，中心線往外加6公分與脇邊線往外加12公分的粗裁量。

基準線 前、後中心線用紅筆畫線，臀圍線用藍筆畫線。

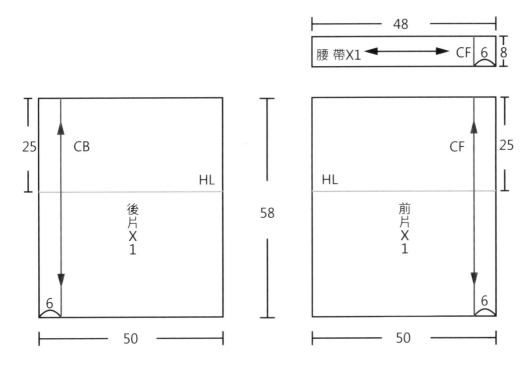

人台準備

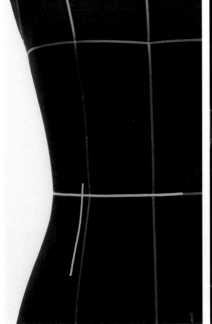 

用紅色標示帶在人台上貼出所需要的結構線：

1.前片尖褶：尖褶的位置在公主線往脇邊約0.5公分上，褶長約10~11公分。

2.後片尖褶：尖褶的位置在公主線，褶子長度約13~14公分，後中心的腰圍線往下降0.7~1公分。

裙子前片

1 胚布上所畫的前中心線和臀圍線須對齊人台上的前中心線和臀圍線，依次用絲針V字固定法固定前中心線與腰圍線交叉處、臀圍線處，下襬處用倒V固定。

2 胚布的臀圍線上留1.5~2.5公分的鬆份(鬆份量為整圈鬆份除以四)，用絲針固定脇邊線與臀圍線處。

3 腰圍抓一支尖褶，按照標示帶貼的位置，褶寬約2.5公分。

4 褶長約10~11公分，用絲針抓別法固定尖褶。

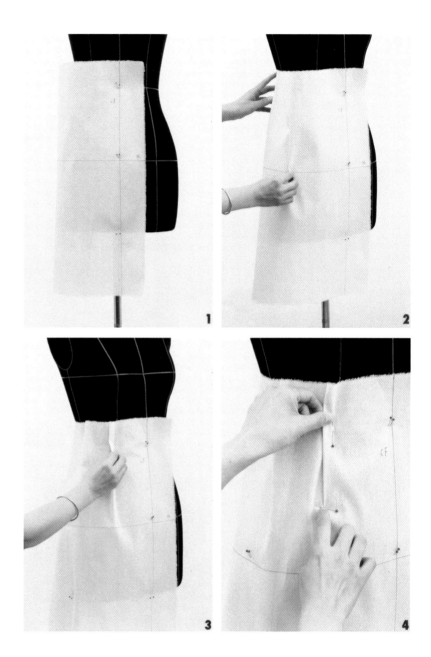

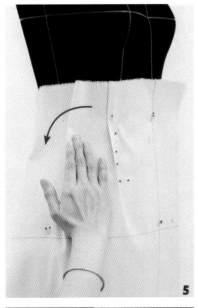

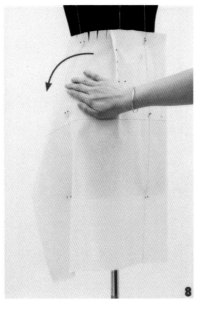

5 腰圍多餘的鬆份往下推到臀圍線後，用絲針固定脇邊線與腰圍線處。

6 沿著腰圍線往上留1.5公分的縫份後，將多餘的布修掉。

7 側腰圍線剪牙口。

8 再將臀圍的鬆份推至下襬變寬，脇邊呈現出A字的感覺。

9 注意觀察臀腰差轉移至下襬，臀圍線會往下傾斜，再次確認臀圍線上留的鬆份後，用絲針固定脇邊線與臀圍線處，下襬處用倒V固定。

10 觀察尖褶的位置、褶寬、褶長、褶向是否美觀與均衡後，在腰圍線、褶子、脇邊線用消失筆或4B鉛筆畫上記號。

11 沿著脇邊線往外留2公分縫份後，將多餘的布修掉。

12 前片裙子完成。

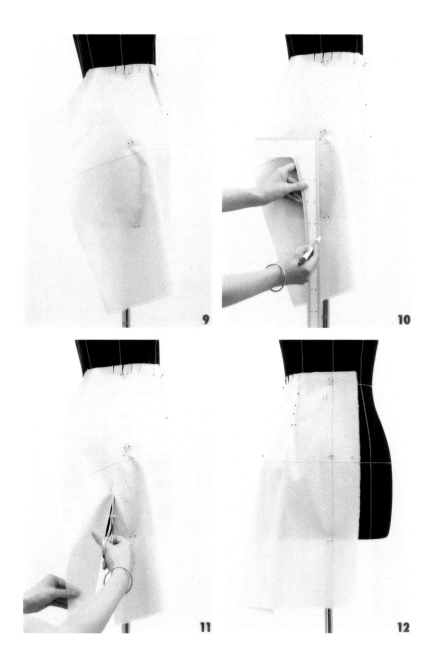

裙子後片

1 胚布上所畫的後中心線和臀圍線須對齊人台上的後中心線和臀圍線，依次用絲針V字固定法固定後中心線與腰圍線交叉處、臀圍線處，下襬處用倒V固定。

2 胚布的臀圍線上留1.5~2.5公分的鬆份（鬆份量為整圈鬆份除以四），用絲針固定脇邊線與臀圍線處。

3 腰圍抓一支尖褶，位置在公主線上，褶寬約3.5公分。

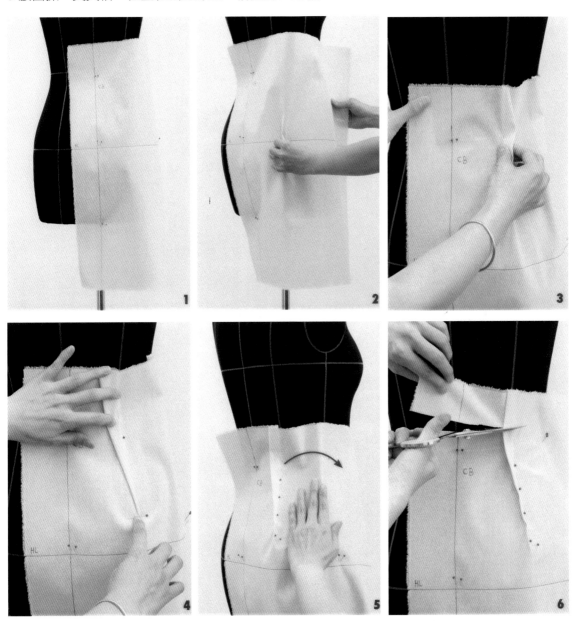

4 褶長約13~14公分，用絲針抓別法固定尖褶。

5 腰圍多餘的鬆份往下推到臀圍後，用絲針固定脇邊線與腰圍線處。

6 沿著腰圍線往上留1.5公分縫份後，將多餘的布修掉。

7 側腰圍剪牙口。

8 再將臀圍的鬆份推至下襬變寬，脇邊呈現出A字的感覺。

9 注意觀察臀腰差轉移至下襬，臀圍線會往下傾斜，再次確認臀圍線上留的鬆份後，用絲針固定脇邊線與臀圍線處，下襬處用倒V固定。

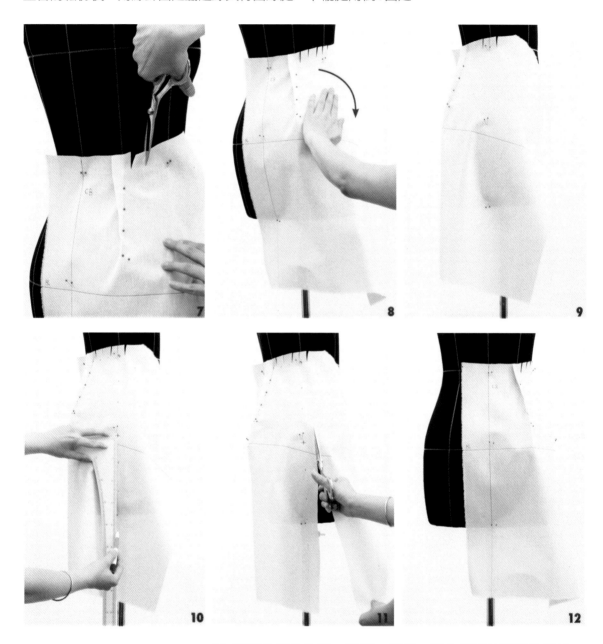

10 觀察尖褶的位置、褶寬、褶長、褶向是否美觀與均衡後，在腰圍線、褶子、脇邊線用消失筆或4B鉛筆畫上記號。

11 沿著脇邊線往外留2公分縫份後，將多餘的布修掉。

12 後片裙子完成。

13 前片脇邊的縫份往內折。

14 前、後片的脇邊用絲針蓋別法固定，對合時要先對齊臀圍線位置。

15 量出裙子長度後畫上記號。

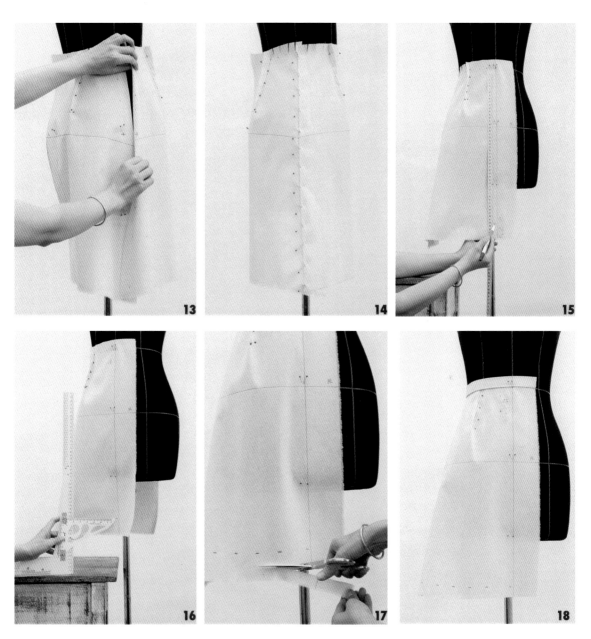

16 用L型直角尺測量，從桌面量到裙長的記號線。L型直角尺上用紙膠帶把三角板黏貼上去，用消失筆水平畫出前、後裙長。

17 沿著裙下襬線往下留4公分縫份後，將多餘的布修掉。

18 把腰帶放上去，用絲針橫別固定。仔細觀察外輪廓，寬鬆份、尖褶的位置是否與設計稿相符。

畫腰圍線

1 將胚樣從人台拿下來，在桌面上把A字裙攤平，將所有尖褶倒向後中心線，按照腰圍的記號線，將線條畫順，須注意前、後腰圍線與前、後中心線要用方格尺畫一小段垂直線約3~5公分。

2 再用D型曲線尺連接至脇邊線，完成腰圍線。縫份留1公分，將多餘的布剪掉。

畫下襬

畫脇邊線

3 按照下襬的記號線，將前、後下襬線畫順，須注意前、後下襬線與前、後中心線要用方格尺畫一小段垂直線約5~7公分。換大彎尺連至脇邊線，完成下襬線。縫份留3公分後，將多餘的布剪掉。

4 把脇邊的絲針拆下，前、後脇邊分開，臀圍線至下襬用方格尺畫直線，腰圍線至臀圍線用大彎尺畫弧線，完成脇邊線。縫份留1.5公分後，將多餘的布剪掉。

畫尖褶

5 將前、後尖褶打開，按照尖褶的記號，用方格尺畫直線至褶尖點，並檢視前、後片的褶子長度與褶子的倒向。

6 完成立裁樣版。

修版後完成

前面

側面

後面

低腰剪接單褶裙

結構分析

▍ **裙型外輪廓**
　傘狀（A-Line）

▍ **結構設計**
　低腰＋剪接線＋2支單褶

▍ **臀腰差處理方法**
　褶轉處理

▍ **臀圍鬆份一圈設定**
　4~6公分

胚布準備

前、後剪接片 依照設計的剪接片，腰圍線往上加3~5公分與剪接線往下5公分的粗裁量。

前、後裙片長度 依照設計的裙長，剪接線往上加5公分與裙長往下5~7公分的粗裁量。

前、後裙片寬度 依照設計的裙襬寬，中心線往外加6公分、脇邊線往外加10公分與2~3支單褶約30公分的粗裁量。

基準線 前、後中心線用紅筆畫線，臀圍線用藍筆畫線。

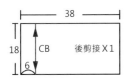

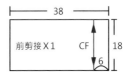

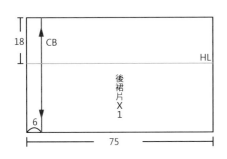

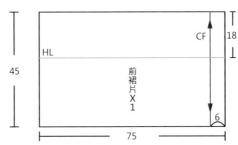

人台準備

用紅色標示帶在人台上貼出所需要的結構線：

1. 低腰：約3~4公分。

2. 剪接線：約5~6公分。

3. 前片單褶位置：第一支單褶的位置在公主線往前中心約0.5公分，第二支單褶的位置，在第一支單褶與脇邊線的中間。一支單褶的大小約6~8公分。

4. 後片單褶位置：第一支單褶的位置在公主線往後中心約0.5公分，第二支單褶的位置在第一支單褶與脇邊線的中間。一支單褶的大小約6~8公分。

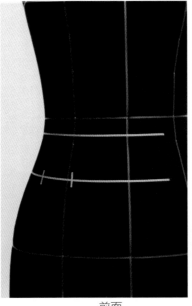

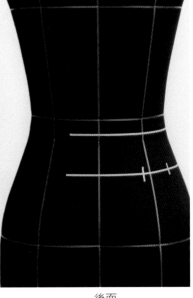

前面　　　　　　　　　後面

前剪接片

1 胚布上所畫的前中心
線須對齊人台上的前中
心線，用絲針V字固定法
固定前剪接片的上下。

2 用右手掌將布往脇邊
撫平，不須留鬆份，用
絲針V字固定脇邊線。

3 沿著前剪接片的上緣
用消失筆暫時畫上記
號，往上留1.5公分的
縫份後，將多餘的布修
掉。

4 低腰圍處剪牙口。

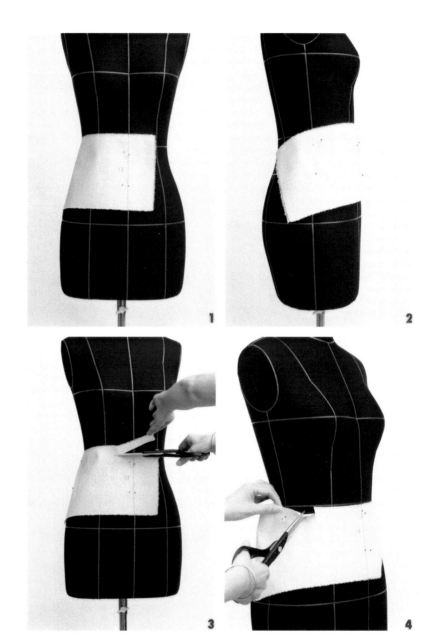

5 再一次用右手掌將布往脇邊
撫平,不須留鬆份,用絲針V
字固定脇邊線。用消失筆畫上
完成記號。

6 沿著前剪接片的下緣往下留
1.5公分的縫份後,將多餘的
布修掉。脇邊線往外留2公分
縫份後,將多餘的布修掉。

7 前剪接片完成。

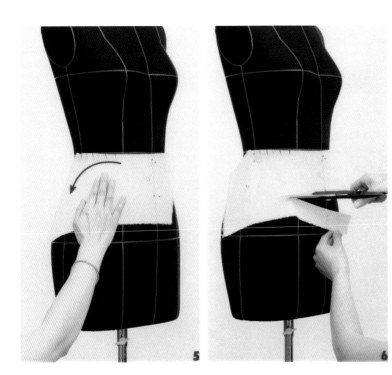

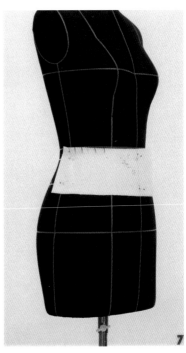

後剪接片

1 胚布上所畫的後中心線須對齊人台上的後中心線，用絲針V字固定法，固定後剪接片上下。用右手掌將布往脅邊撫平，不須留鬆份，用絲針V字固定脅邊線。

2 沿著後剪接片的上緣用消失筆暫時畫上記號，往上留1.5公分的縫份後，將多餘的布修掉。

3 低腰圍處剪牙口。

4 再一次用右手掌將布往脅邊撫平，不須留鬆份，用絲針V字固定脅邊線，再用消失筆畫上完成記號。

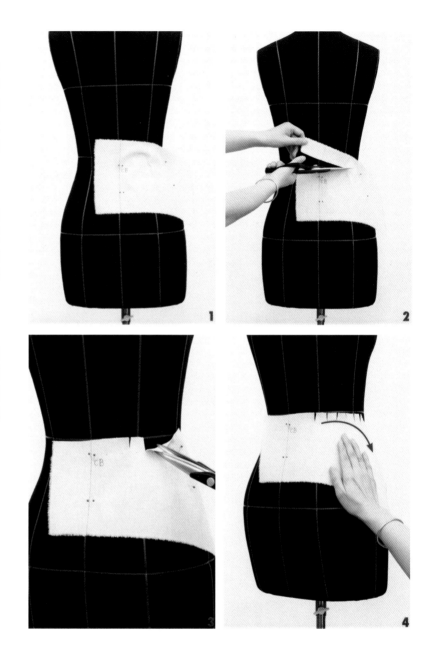

5 沿著後剪接片的下緣往下留
1.5公分的縫份後，將多餘的布
修掉。脇邊線往外留2公分縫
份後，將多餘的布修掉。

6 後剪接片完成。前剪接片脇
邊的縫份往內折。

7 前、後剪接片的脇邊用絲針
蓋別法固定。

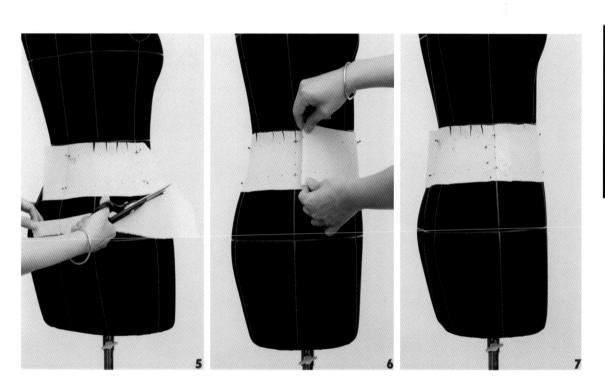

前裙身片

1 胚布上所畫的前中心線和臀圍線須對齊人台上的前中心線和臀圍線，依次用絲針V字固定法固定前中心線與剪接線交叉處、臀圍線處，下襬處用倒V固定。

2 分配2支單褶的位置，按照標示帶貼的位置。抓第一支單褶，單褶的大小約6~8公分。

3 注意臀圍線要保持水平，上下要等寬，用絲針蓋別法固定單褶。

4 抓第二支單褶，注意臀圍線保持水平、上下抓等寬。

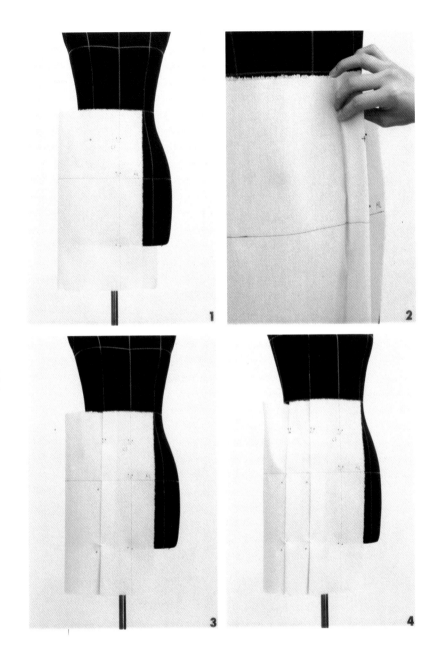

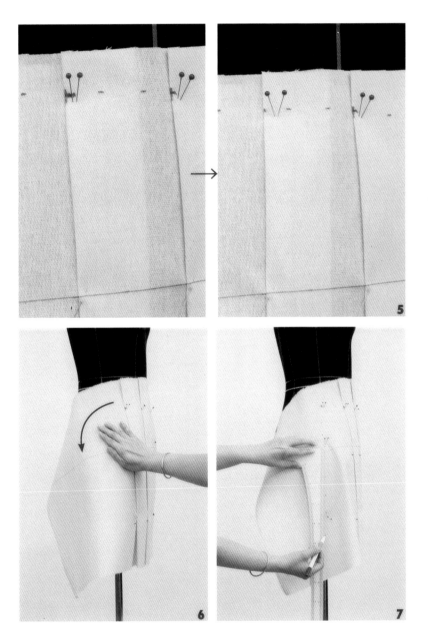

5 臀圍線以上微調成外八的線條，用絲針蓋別法固定單褶。

6 剪接線處多餘的鬆份推至下襬變寬，脇邊呈現出A字的感覺，臀圍線會往下傾斜。

7 臀圍線上留1~1.5公分的鬆份後，用絲針V字固定脇邊線與剪接線處、臀圍線處，下襬處用倒V固定。剪接線處、單褶、脇邊線用消失筆畫上完成記號。

8 沿著脇邊線往外留2公分縫份後，將多餘的布修掉。

9 沿著剪接線往上留1.5公分縫份後，將多餘的布修掉。

10 前裙身片完成。

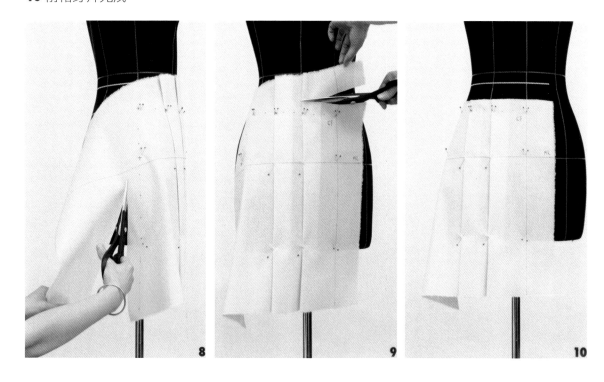

後裙身片

1 胚布上所畫的後中心線和臀圍線須對齊人台上的後中心線和臀圍線，依次用絲針V字固定法固定後中心線與剪接線交叉處、臀圍線處，下襬處用倒V固定。

2 分配2支單褶的位置，按照標示帶貼的位置。抓第一支單褶，單褶的大小約6~8公分。注意臀圍線要保持水平，上下要等寬，用絲針蓋別法固定單褶。

3 抓第二支單褶，注意臀圍線保持水平，上下抓等寬後，剪接線處會出現多餘的鬆份。

4 把多餘的鬆份納入單褶裡，臀圍線以上微調成外八的線條感，用絲針蓋別法固定單褶。

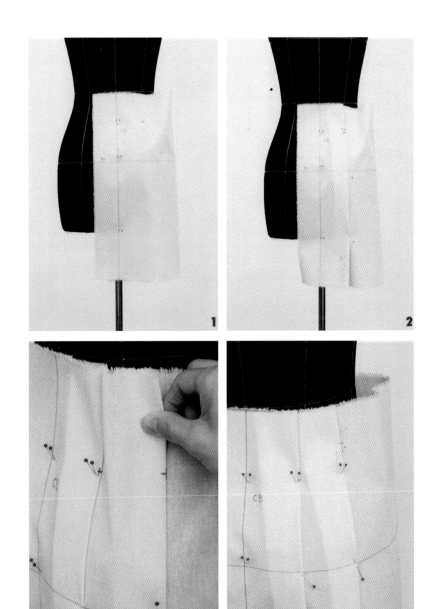

5 剪接線處剩下多餘的鬆份推至下襬變寬，脇邊呈現出A字的感覺，臀圍線會往下傾斜。

6 臀圍線上留1~1.5公分的鬆份後，用絲針V字固定脇邊線與剪接線處、臀圍線處，下襬處用倒V固定。剪接線處、單褶、脇邊線用消失筆畫上完成記號。

7 沿著脇邊線往外留2公分縫份後，將多餘的布修掉。

8 沿著剪接線往上留1.5公分縫份後，將多餘的布修掉。

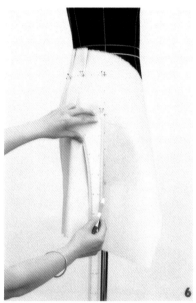

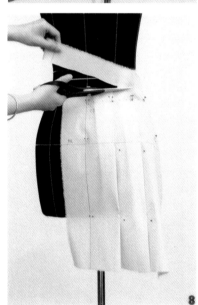

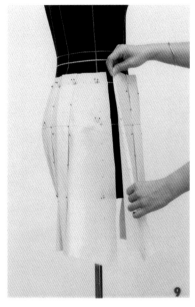

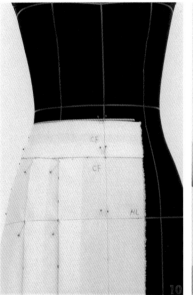

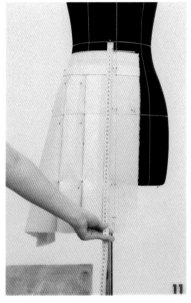

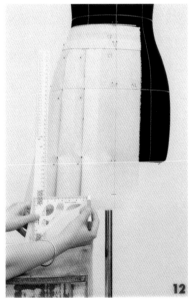

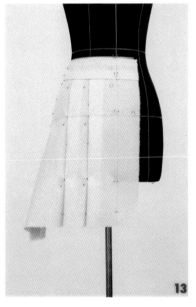

9 後裙身片完成。前裙身片脇邊的縫份往內折。前、後裙身片的脇邊用絲針蓋別法固定，對合時要先對齊臀圍線位置。

10 將前、後剪接片的縫份往內折好，放在前、後裙身片上，用絲針蓋別法固定。

11 量出裙子長度後畫上記號。

12 用L型直角尺從桌面測量到裙長的記號線。L型直角尺上用紙膠帶固定三角板，用消失筆水平畫出前、後裙長。

13 仔細觀察外輪廓，寬鬆份、單褶的位置是否與設計稿相符。

畫前、後剪接片

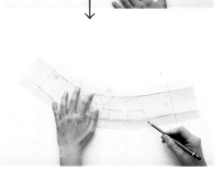

1 將前、後剪接片的胚樣從人台拿下來，按照低腰圍的記號線，將前、後低腰圍線畫順，須注意前、後低腰圍線與前、後中心線要用方格尺畫一小段垂直線約3~5公分。再用D型曲線尺連接至脇邊線，完成低腰圍線與剪接線。縫份留1公分，將多餘的布剪掉。

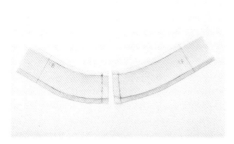

2 把脇邊的絲針拆下，前、後剪接片脇邊分開，用大彎尺畫弧線，完成脇邊線。縫份各留1.5公分，將多餘的布剪掉。

畫前、後裙身片

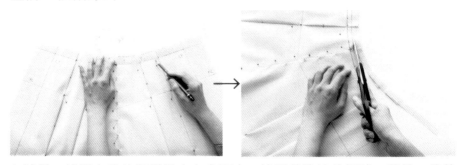

3 將前、後裙身片的胚樣從人台拿下來，按照剪接線的記號，將前、後剪接線畫順，須注意前、後剪接線與前、後中心線要用方格尺畫一小段垂直線約3~5公分。再用D型曲線尺連接至脇邊線，完成裙身的剪接線。縫份留1公分，將多餘的布剪掉。

畫下襬

4 按照下襬線的記號，將前、後下襬線畫順，須注意前、後下襬線與前、後中心線要用方格尺畫一小段垂直線約5~7公分。再用大彎尺連接至脇邊線，完成裙身的下襬線。縫份留3公分，將多餘的布剪掉。

畫脇邊線

5 把脇邊的絲針拆下，前、後脇邊分開，臀圍線至下襬用方格尺畫直線，腰圍線至臀圍線用大彎尺畫弧線，完成脇邊線。縫份各留1.5公分，將多餘的布剪掉。

畫單褶

6 把第一支單褶的絲針拆下，前、後單褶打開用方格尺畫直線，再把第二支單褶的絲針拆下，前、後單褶打開臀圍線至下襬用方格尺畫直線，臀圍線至剪接線用大彎尺畫弧線，完成單褶線。

完成立裁樣板

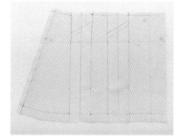
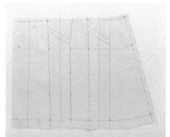

修版後完成

前面

側面

後面

高腰魚尾裙

結構分析

▌ 裙型外輪廓
鐘型

▌ 結構設計
高腰＋剪接線

▌ 臀腰差處理方法
褶子納入剪接線

▌ 臀圍鬆份一圈設定
4~6公分

胚布準備

長度　依照設計的裙長，高腰處往上加3~5公分與裙長往下5~7公分的粗裁量。

前、後中心的裙片寬度　依照設計的裙襬寬，中心線往外加6公分、剪接線往外加波浪大小約12公分的粗裁量。

前、後脇的裙片寬度　依照設計的裙襬寬，剪接線往外加波浪大小約12公分與脇邊線往外加波浪大小約12公分的粗裁量。

基準線　前、後中心線用紅筆畫線，臀圍線用藍筆畫線。

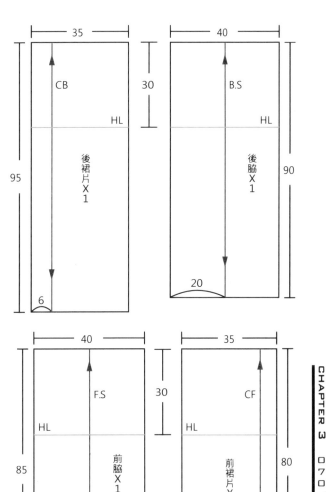

後裙片 X1
CB
HL
35
30
95
6

後脇 X1
B.S
HL
40
90
20

前脇 X1
F.S
HL
40
30
85
20

前裙片 X1
CF
HL
35
80
6

人台準備

用紅色標示帶在人台上貼出所需要的結構線：

1. 後中心下降0.7~1公分。
2. 前、後高腰5~6公分。
3. 裙子剪接片以偶數為單位（6、8、10片）。此款為六片。
4. 前脇與後脇的中心貼垂直線。
5. 訂出魚尾波浪點。

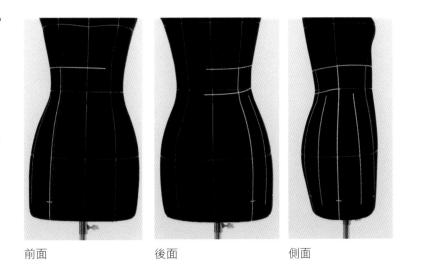

前面　　　　　後面　　　　　側面

裙子前片

1 胚布上所畫的前中心線和臀圍線須對齊人台上的前中心線和臀圍線，依次用絲針V字固定法固定前中心線與臀圍線、腰圍線、高腰線交叉處，下襬處則用倒V固定。接著，臀圍線保持水平後，再用絲針V字固定剪接線與臀圍線、腰圍線、高腰線交叉處及魚尾高度處。

2 用消失筆畫上記號後，剪刀從魚尾高度處往上留1.5公分後剪入，沿著記號線往外留1.5公分縫份，將多餘的布修掉。

3 在魚尾高度處剪一刀牙口。

4 抓出魚尾的波浪，此款波浪約8公分。用消失筆或4B鉛筆畫上記號。

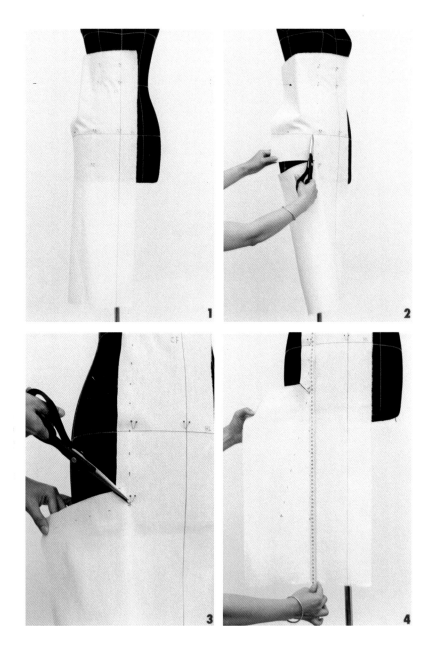

5 沿著記號線往外留1.5公分縫份後，將多餘的布修掉。

6 腰圍線處剪3刀牙口。

7 前中心裙片完成。

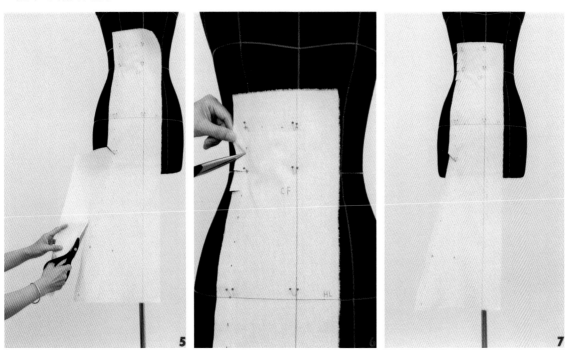

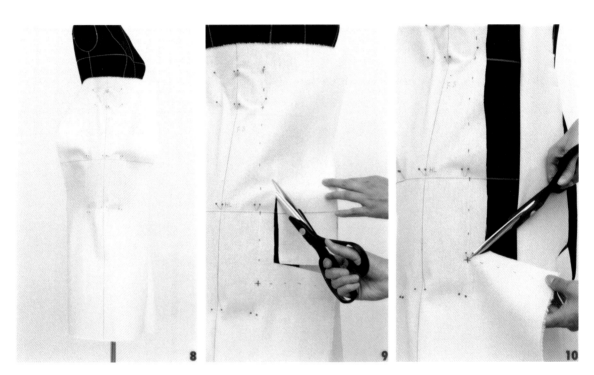

8 前脇胚布上所畫的中心線和臀圍線須對齊人台上的前脇的中心線和臀圍線，依次用絲針V字固定法固定前脇的中心線與臀圍線、腰圍線、高腰線交叉處及魚尾高度處。

9 用消失筆畫上記號後，剪刀從魚尾高度處往上留1.5公分後剪入，沿著記號線往外留1.5公分縫份後，將多餘的布修掉。

10 在魚尾高度處剪一刀牙口。

11 前中心裙片縫份折入，用蓋別法將前中心與前脇結合至魚尾高度處。

12 抓出魚尾的波浪，波浪大小與前中心裙片相同約8公分。用消失筆畫上記號。

13 前中心裙片縫份折入，用蓋別法將前中心與前脇結合至裙襬處。

14 前脇裙片在臀圍線處抓1公分的鬆份，腰圍處鬆份約0.5公分。

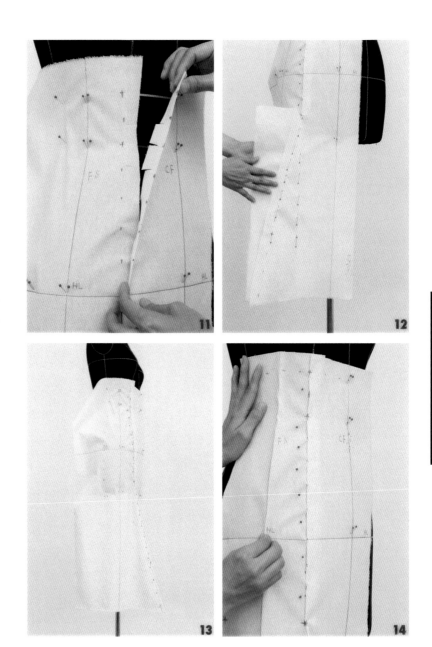

15 脇邊處用絲針V字固定法固定前脇與臀圍線、腰圍線、高腰線交叉處及魚尾高度處。用消失筆畫上記號後，剪刀從魚尾高度處往上留1.5公分後剪入，沿著記號線往外留1.5公分縫份後，將多餘的布修掉。

16 在魚尾高度處剪一刀牙口。

17 脇邊腰圍線處剪3刀牙口。

18 脇邊抓出魚尾的波浪，波浪大小與前中心裙片相同約8公分。用消失筆畫上記號。

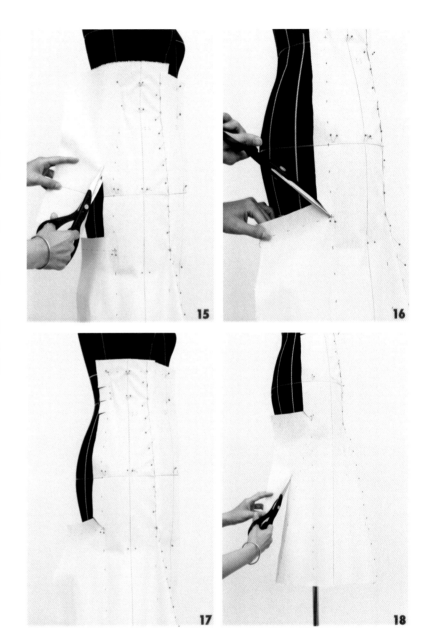

裙子後片

1 胚布上所畫的後中心線和臀圍線須對齊人台上的後中心線和臀圍線，依次用絲針V字固定法固定後中心線與臀圍線、腰圍線、高腰線交叉處，下襬處則用倒V固定。接著，臀圍線保持水平後，再用絲針V字固定剪接線與臀圍線交叉處。

2 在腰圍的剪接線處，先抓一支尖褶，用絲針抓別法固定。

3 用消失筆畫上記號後，剪刀從魚尾高度處往上留1 .5公分後剪入，沿著記號線往外留1.5公分縫份後，將多餘的布修掉。

4 將尖褶的絲針拆下，沿著記號線往外留1.5公分縫份後，再將多餘的布修掉。

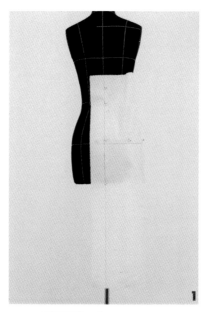

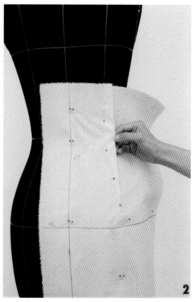

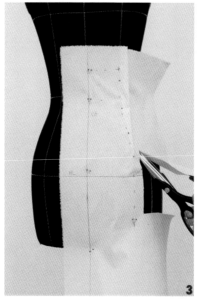

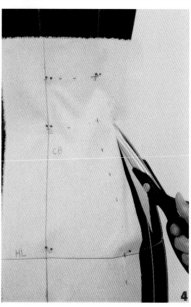

5 剪接線的腰圍線處剪3刀牙口。

6 在魚尾高度處剪一刀牙口。

7 抓出魚尾的波浪，波浪大小與前片相同約8公分。用消失筆畫上記號。

8 後中心裙片完成。

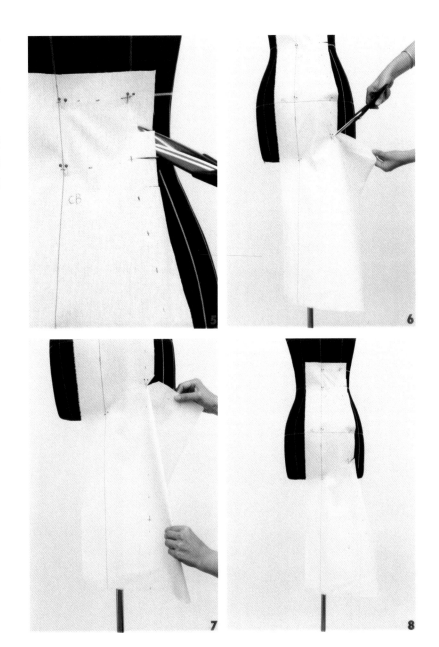

9 後脇胚布上所畫的中心線和臀圍線須對齊人台上的後脇的中心線和臀圍線，依次用絲針V字固定法固定後脇的中心線與臀圍線、腰圍線、高腰線交叉處及魚尾高度處。

10 在腰圍的剪接線處，先抓一支尖褶，用絲針抓別法固定。

11 用消失筆畫上記號後，剪刀從魚尾高度處往上留1.5公分後剪入，沿著記號線往外留1.5公分縫份後，將多餘的布修掉，並在魚尾高度處剪一刀牙口。

12 將尖褶的絲針拆下，沿著記號線往外留1.5公分縫份後，再將多餘的布修掉。

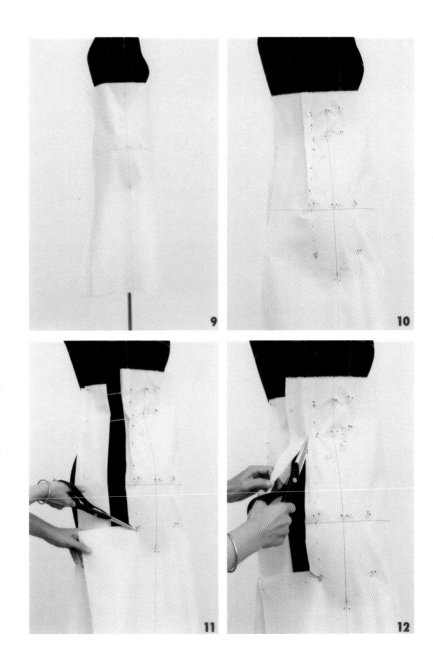

13 抓出魚尾的波浪，波浪大小與後中心裙片相同約8公分。用消失筆畫上記號，沿著記號線往外留1.5公分縫份後，將多餘的布修掉。

14 後中心裙片縫份折入，用蓋別法將後中心與後脇結合至裙襬處。

15 後脇裙片在臀圍線處抓1公分的鬆份，腰圍處鬆份約0.5公分。

16 脇邊處用絲針V字固定法固定後脇與臀圍線、腰圍線、高腰線交叉處及魚尾高度處。用消失筆畫上記號後，剪刀從魚尾高度處往上留1.5公分後剪入，沿著記號線往外留1.5公分縫份後，將多餘的布修掉，並在魚尾高度處剪一刀牙口。

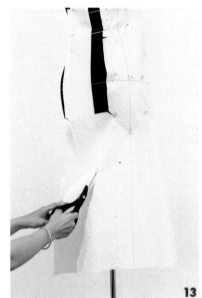

13

14

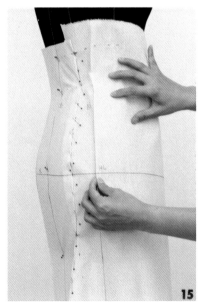

15

16

17 抓出魚尾的波浪，波浪大小與前脇相同約8公分。用消失筆畫上記號，沿著記號線往外留1.5公分縫份後，將多餘的布修掉。

18 將前脇裙片縫份折入，用蓋別法將前脇與後脇結合至裙襬處。畫出裙子的長度，此款為前短後長。

19 完成魚尾裙下襬波浪。仔細觀察外輪廓，寬鬆份、剪接線的位置是否與設計稿相符。

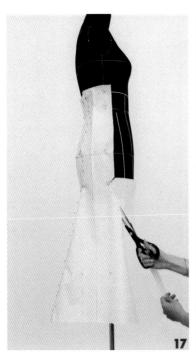

畫下擺

1 將胚樣從人台拿下來，在桌面上把高腰魚尾裙的裙襬攤平，按照下襬的記號線，將前、後下襬線畫順，須注意前、後下襬線與前、後中心線要用方格尺畫一小段垂直線約5~7公分。

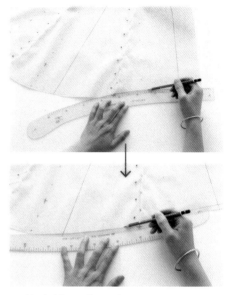

2 換大彎尺連至脇邊線，完成下襬線。

畫脇邊線

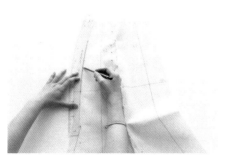

3 下襬縫份留1公分，將多餘的布剪掉。

4 前、後片脇邊分開。前脇的魚尾高度處至下襬用直尺畫直線。

5 腰圍線至魚尾高度處用大彎尺畫弧線。

6 腰圍線至高腰處用直尺畫直線。

畫腰圍線

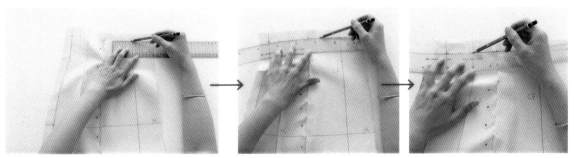

7 按照高腰圍的記號線，將前、後腰圍線畫順。須注意前、後高腰圍線與前、後中心線要先用方格尺畫一小段垂直線約3~5公分，再換大彎尺畫弧線。

8 高腰圍沿著記號線往外留1公分縫份後，將多餘的布修掉。

9 前中心與前脇分開，畫線方法與步驟4、5、6相同。

10 後片畫線方法亦與前片相同。完成立裁樣版。

修版後完成

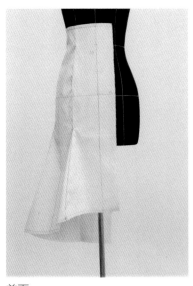

前面

側面

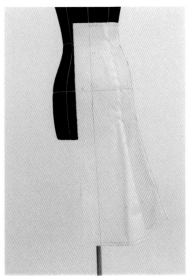

後面

上衣構成原理

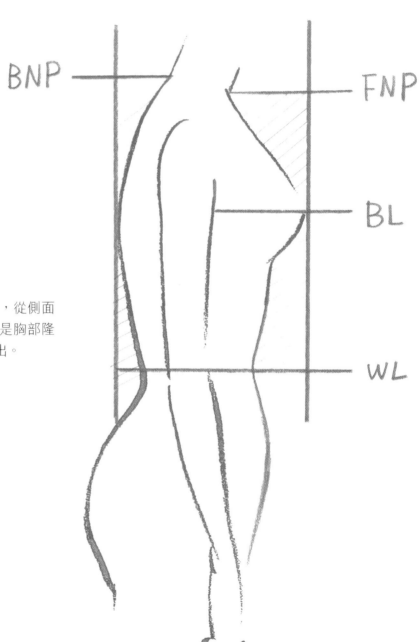

BNP

FNP

BL

WL

人體側面觀察

仔細觀察人體上半身體型，從側面
觀察，女子的前身體特徵是胸部隆
起、後身體則是肩胛骨突出。

上衣的鬆份處理

將布料包覆前胸部與後肩胛骨，並將多餘的寬鬆份透過尖褶、活褶、單褶、細褶、波浪等五種基本技法處理，轉變成各式各樣的流行款式，或者也可運用剪接線設計來處理。

增加立體感的立裁技巧

胸部的乳頭點與肩胛骨的凸點是抓立體裁剪時的基準點，無論寬鬆份在哪個位置、用哪一種技法，最終的方向都是朝向乳頭點（B.P點）與肩胛骨點，以增加立體度。

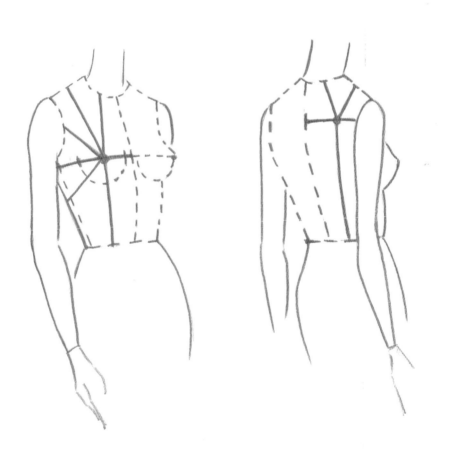

基本
上衣原型

結構分析

▌**上衣外輪廓**
　合身（X-Line）

▌**結構設計**
　尖褶

▌**胸腰差處理方法**
　前片脇邊褶與腰褶、後片
　肩褶與腰褶

▌**胸圍鬆份**
　一圈設定4~6公分

▌**腰圍鬆份**
　一圈設定2.5~4公分

胚布準備

長度 依照設計的衣長，從側頸點通過乳頭再到腰圍線，上下各加5公分的粗裁量。

寬度 依照設計的衣身寬，中心線往外加10公分，脇邊線往外加5公分的粗裁量。

基準線 前、後中心線用紅筆畫線，胸圍線用藍筆畫線。

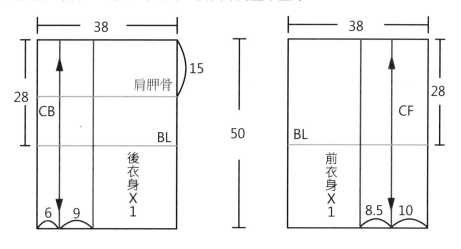

人台準備

用紅色標示帶在人台上貼出所需要的結構線：

1.前片腰褶：在公主線上，褶長約BP點往下2~3公分處。

2.前片脇邊褶：在脇邊線上，胸圍線往下3~4公分，褶長約BP點往脇邊2~3公分處。

3.後片腰褶：在公主線上，褶長胸圍線往上2公分處。

4.後片肩褶：在公主線上，肩線往下約6~7公分處。

5.後片肩胛骨線：從後中心的胸圍線往上13公分處，平行貼至袖襱線。

6.前、後腋下點：胸圍線往上7.5公分，在袖圈上釘上珠針，作為前、後腋下點的位置。

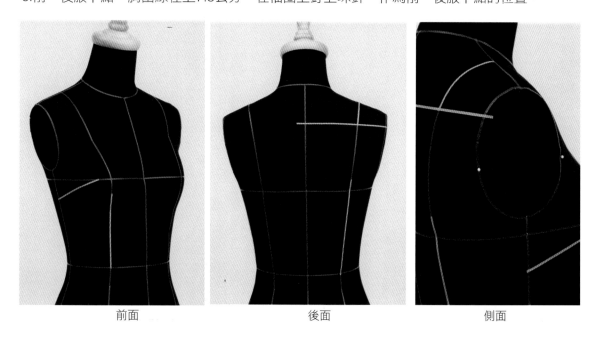

前面　　　　　　　　　後面　　　　　　　　　側面

前衣身片

1 胚布上所畫的前中心線和胸圍線須對齊人台上的前中心線和胸圍線,依次用絲針V字固定法,固定前中心線與領圍線交叉處、左右BP點處,腰圍線處則用倒V固定。接著,胸圍線保持水平至脇邊線,用絲針V字固定,再垂直往下至腰圍線,用倒V固定。

2 用消失筆暫時畫出領圍線。

3 沿著領圍線往上留1.5公分縫份,將多餘的布修掉。

4 領圍線剪牙口,距離1公分剪一刀。

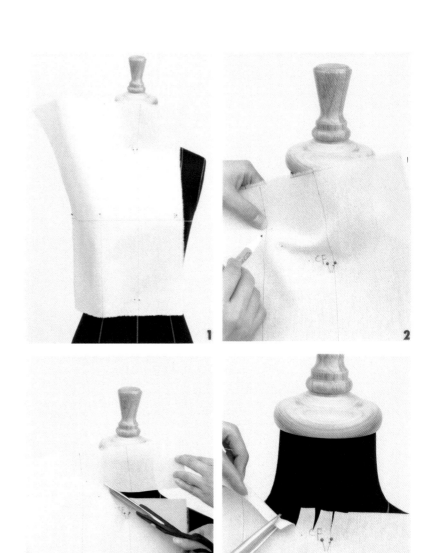

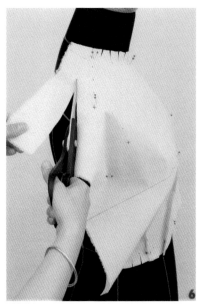

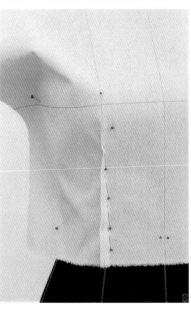

5 用右手掌從胸膛把布撫平推至肩膀後，用絲針固定側頸點與肩點。領圍線用消失筆畫上完成記號。

6 肩線用消失筆畫上記號，沿著肩線往外留2公分縫份後，將多餘的布修掉。

7 做腰褶：在公主線上抓一支尖褶，褶寬約2.5~3公分。

8 褶長約BP點往下2~3公分處，用絲針抓別法固定尖褶。

9 沿著腰圍線往下留1.5公分縫份後，將多餘的布修掉並剪牙口。

10 側腰圍線上，留0.6~1公分的鬆份（鬆份量為整圈鬆份除以四），用絲針別住鬆份，將多餘的鬆份往脅邊推出去，用絲針倒V固定脅邊線與腰圍線處。

11 將袖襱的鬆份往下推至胸圍線下3~4公分處。

12 做脅邊褶：將所有的鬆份抓成一支尖褶。

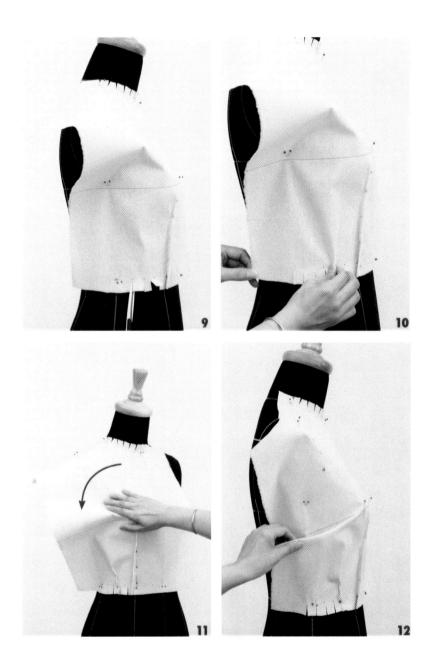

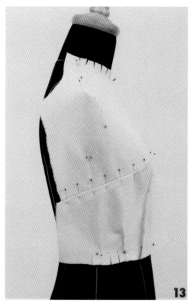

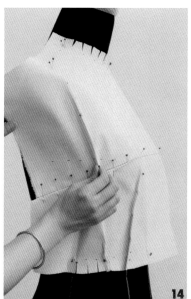

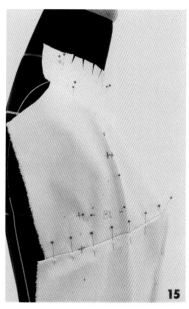

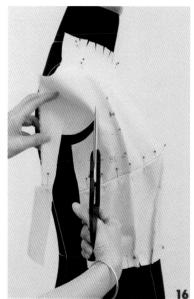

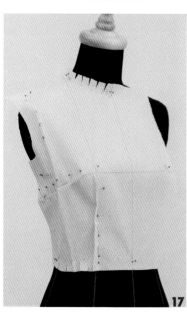

13 用絲針蓋別法固定尖褶。用消失筆畫出前腋點作記號。

14 在胸圍線上留1~1.5公分的鬆份（鬆份量為整圈鬆份除以四）。

15 用絲針固定鬆份，再固定脇邊線與胸圍線處。用消失筆畫出新的前腋點、新的胸圍線、脇邊線、脇邊褶、腰圍線、腰褶的記號。

16 沿著脇邊線往外留2公分的縫份，袖襱線往外留1.5公分的縫份後，將多餘的布修掉。

17 前衣身片完成。

後衣身片

1 胚布上所畫的後中心線和胸圍線須對齊人台上的後中心線和胸圍線，依次用絲針V字固定法固定後中心線與領圍線、胸圍線交叉處，腰圍線處則用倒V固定。肩胛骨線保持水平至袖襱線，用絲針V字固定法固定。

2 用消失筆暫時畫出領圍線。

3 沿著領圍線往上留1.5公分縫份，將多餘的布修掉。

4 領圍線剪牙口，距離1公分剪一刀。用右手掌從肩胛骨把布撫平推至肩膀後，用絲針固定側頸點與肩點，領圍線用消失筆畫上完成記號。

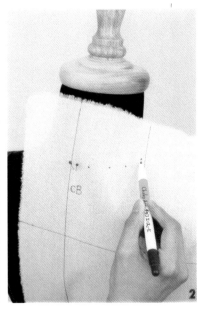

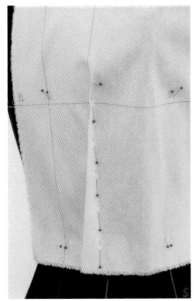 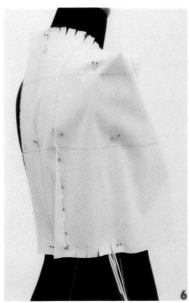 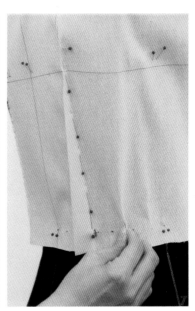

5 胸圍線保持水平至脇邊線，用絲針V字固定法固定。脇邊再垂直往下至腰圍線，用倒V固定。做腰褶：在公主線上抓一支尖褶，褶寬約3.5~4公分。褶長約胸圍線往上2公分處，用絲針抓別法固定尖褶。

6 沿著腰圍線往下留1.5公分縫份後，將多餘的布修掉並剪牙口。

7 側腰圍線上留0.6~1公分的鬆份（鬆份量為整圈鬆份除以四），用絲針別住鬆份，將多餘的鬆份往脇邊推出去，用絲針固定脇邊線與腰圍線處。

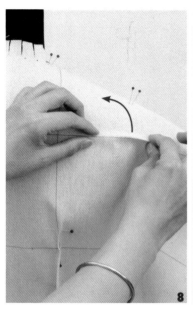

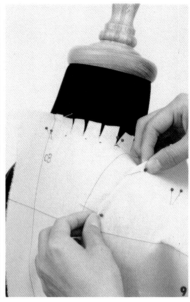

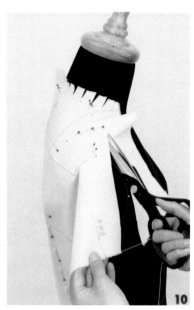

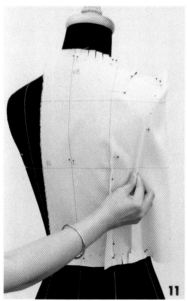

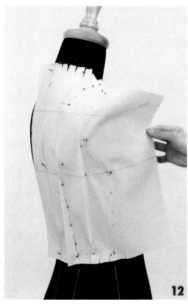

8 把袖襱多餘的鬆份往肩膀上推去，用絲針固定肩點。

9 做肩褶：在公主線上抓一支尖褶，褶寬約1.2~1.4公分，褶長約6~7公分，用絲針抓別法固定尖褶。

10 沿著肩線往外留2公分縫份後，將多餘的布修掉。

11 在胸圍線上留1~1.5公分的鬆份（鬆份量為整圈鬆份除以四）。

12 用絲針固定鬆份，再固定脇邊線與胸圍線處。用消失筆畫出新的後腋點、新的胸圍線、脇邊線、腰圍線、腰褶的記號。

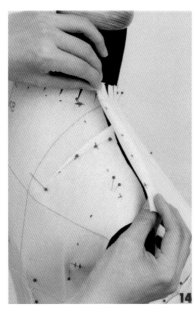

13 沿著脇邊線往外留2公分的縫份，袖襱線往外留1.5公分的縫份後，將多餘的布修掉。

14 前、後片肩膀用絲針蓋別法固定。

15 前、後片脇邊用絲針蓋別法固定。

16 仔細觀察外輪廓，寬鬆份、尖褶的位置是否與設計稿相符。

畫衣長線

1 按照衣長線的記號，在前、後中心的衣長線用方格尺畫一小段垂直線約5公分，在前、後脇邊的衣長線用大彎尺將衣長線畫順。

2 衣長線往外縫份留1公分後，將多餘的布剪掉。

畫領圍線

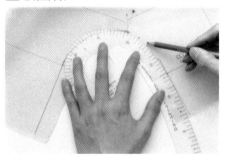
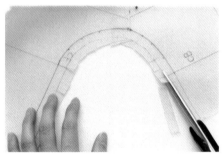

3 按照領圍線的記號，在前中心的領圍線用方格尺畫一小段垂直線約0.5公分，後中心的領圍線用方格尺畫垂直線約2公分。用D型曲線尺將領圍線畫順。

4 領圍線往外縫份留1公分後，將多餘的布剪掉。

畫脇邊線與袖襱線

5 前、後脇邊分開，用方格尺畫直線後，沿著脇邊線往外縫份留1.5公分，將多餘的布剪掉。按照袖襱的記號線，用D型曲線尺將袖襱線畫順，沿著袖襱線往外縫份留1公分，將多餘的布剪掉。

畫肩線

 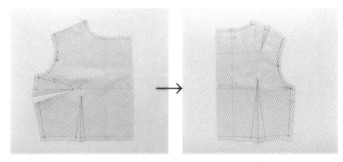

6 前、後肩線分開，用方格尺將肩線畫直線。沿著肩線往外縫份留1.5公分後，將多餘的布剪掉。

7 按照褶子的記號，用方格尺畫直線。完成立裁樣版。

修版後完成

前面

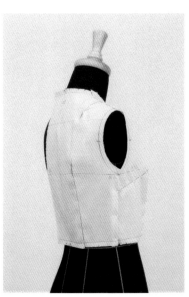

側面

後面

長版衫原型

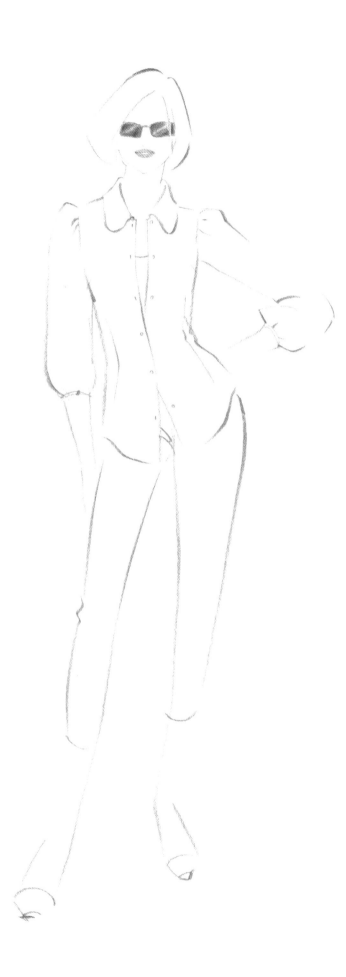

結構分析

▌**上衣外輪廓**
合身（X-Line）

▌**結構設計**
尖褶

▌**胸腰差處理方法**
前片脇邊褶與腰褶、後片腰褶

▌**胸圍鬆份**
一圈設定6~8公分

▌**腰圍鬆份**
一圈設定6~8公分

胚布準備

長度 依照設計的衣長，從側頸點通過乳頭再到臀圍線，上下各加5公分的粗裁量。

寬度 依照設計的衣身寬，中心線往外加10公分，脇邊線往外加8公分的粗裁量。

基準線 前、後中心線用紅筆畫線，胸圍線與腰圍線用藍筆畫線。

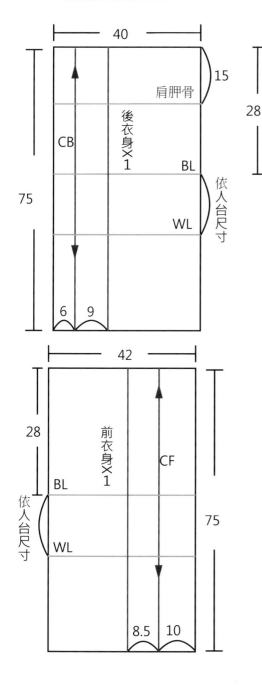

人台準備

用紅色標示帶在人台上貼出所需結構線：

前片

1.脇邊褶：從胸圍線往下4公分，長度為13公分。

2.腰褶：長度為腰圍線往上14公分，腰圍線下11公分。

3.領圍線：前頸點下降約1.5公分。

4.衣長：在臀圍線上，脇邊從臀圍線往上5公分。

袖襱線

1.袖襱線：肩點往內約1.5公分，腋下點下降至胸圍線。

後片

1.腰褶：長度為腰圍線往上16公分，腰圍線下14公分。

2.領圍線：後頸點下降約0.5公分。

3.衣長：在臀圍線上，脇邊從臀圍線往上5公分。

前衣身片

1 胚布上所畫的前中心線和胸圍線須對齊人台上的前中心線和胸圍線，依次用絲針V字固定法，固定前中心線與領圍線交叉處、左右BP點處，腰圍線往上、下各5公分處，用橫別固定。臀圍線與下襬處則用倒V固定。接著，胸圍線保持水平至脇邊線，用絲針V字固定。

2 用消失筆暫時畫出領圍線，沿著領圍線往上留1.5公分縫份後，將多餘的布修掉並剪牙口。用右手掌從胸膛把布撫平推至肩膀後，先用絲針固定側頸點與肩點，再用消失筆點出肩線，並沿著肩線往外留2公分縫份，將多餘的布修掉。

3.在臀圍線上留1.5~2公分的鬆份（鬆份量為臀圍鬆份除以四），用絲針固定脇邊線與臀圍線處。

4 抓腰褶：按照標示線抓一支尖褶，褶寬約2.5~3公分，用絲針抓別法固定尖褶。

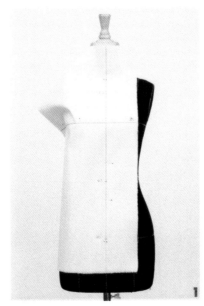

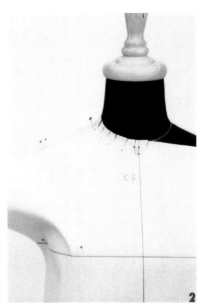

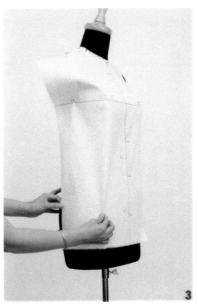

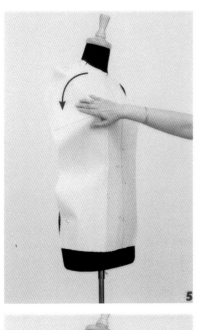

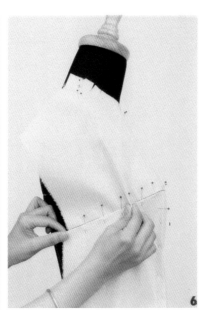

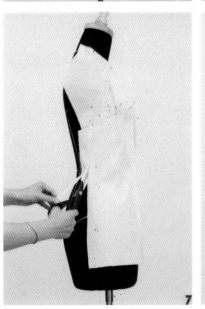

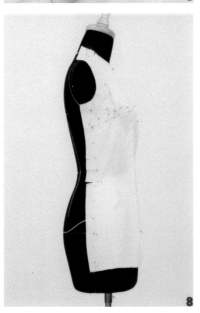

5 將袖襱的鬆份往下推至胸圍線下3~4公分處。

6 做脇邊褶：用絲針蓋別法固定尖褶，在胸圍線上留1.5~2公分的鬆份（鬆份量為整圈鬆份除以四）。

7 用絲針固定脇邊線與胸圍線處、脇邊線與腰圍線下3公分處。用消失筆畫出脇邊線與袖襱線後，沿著脇邊線往外留2公分的縫份，沿著袖襱線往外留1.5公分的縫份，將多餘的布修掉。

8 在脇邊的腰圍線及腰圍線上下各3公分處各剪一刀，將腰圍縮小。前衣身片完成。

後衣身片

1 胚布上所畫的後中心線和胸圍線須對齊人台上的後中心線和胸圍線，依次用絲針V字固定法固定後中心線與領圍線交叉處、胸圍線處。腰圍線往上、下各5公分處，用橫別固定。臀圍線與下襬處則用倒V固定。胸圍線保持水平至脇邊線，用絲針V字固定法固定。

2 用消失筆畫出領圍線，沿著領圍線往上留1.5公分縫份後，將多餘的布修掉並剪牙口。用右手掌從肩胛骨把布撫平推至肩膀後，用絲針固定側頸點與肩點，並用消失筆畫出肩線，再沿著肩線往外留2公分縫份，將多餘的布修掉。

3 在臀圍線上留1.5~2公分的鬆份（鬆份量為整圈鬆份除以四），用絲針固定脇邊線與臀圍線處。

4 抓腰褶：按照標示線抓一支尖褶，褶寬約3.5~4公分，用絲針抓別法固定尖褶。

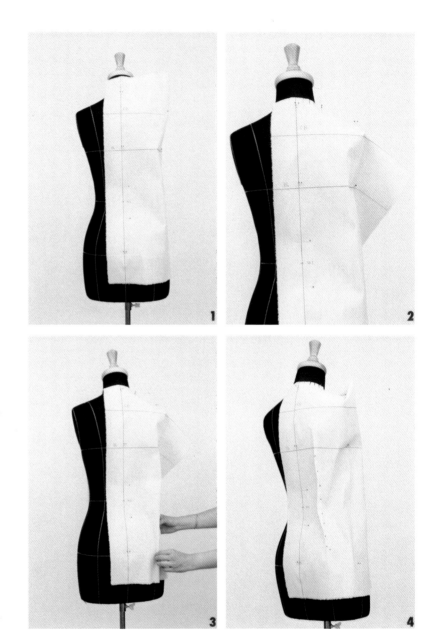

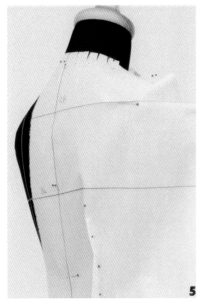

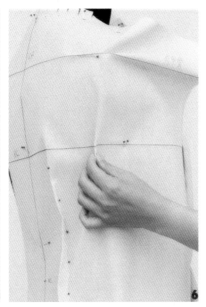

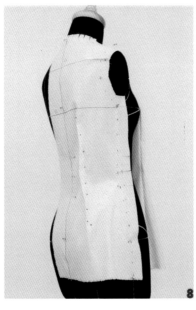

5 肩胛骨保持水平至袖襱線，在袖襱線上留0.6公分的鬆份，用絲針固定。

6 在胸圍線上留1.5~2公分的鬆份（鬆份量為整圈鬆份除以四）。

7 用絲針固定脇邊線與胸圍線處、脇邊線與腰圍線下3公分處，再用消失筆畫出脇邊線與袖襱線，並沿著脇邊線往外留2公分縫份、袖襱線往外留1.5公分縫份，將多餘的布修掉。

8 脇邊的腰圍線及腰圍線上下各3公分處各剪一刀，將腰圍縮小，後衣身片完成。

9 將前、後片脇邊用絲針蓋別固定。

10 用消失筆畫出衣長線後，沿著衣長線往外留2公分縫份，將多餘的布修掉。

11 長版衫完成。

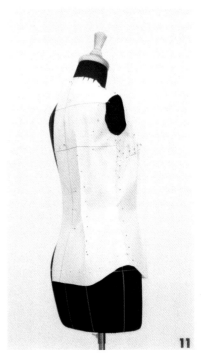

畫衣長線

1 按照衣長線的記號，在前、後中心的衣長線用方格尺畫一小段垂直線約5公分。

 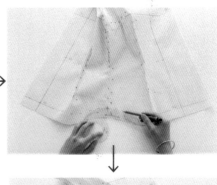

2 按照衣長線的記號，在前、後脇邊的衣長線用D型曲線尺畫順。沿著衣長線往下留1公分的縫份後，將多餘的布剪掉。

3 前、後脇邊分開，前中心往外畫1.5公分為持出份。

畫領圍線

4 按照領圍線記號，在前中心的領圍線用方格尺畫一小段垂直線約0.5公分，後中心的領圍線用方格尺畫垂直線約2公分；用D型曲線尺將領圍線畫順，沿著領圍線往外留1公分的縫份後，將多餘的布剪掉。

畫袖襱線

5 按照袖襱的記號線，用D型曲線尺將袖襱線畫順。沿著袖襱線往外留1公分的縫份後，將多餘的布剪掉。

畫肩線

6 前、後肩線分開，用方格尺將肩線畫直線。沿著肩線往外留1.5公分的縫份後，將多餘的布剪掉。

畫脇邊線

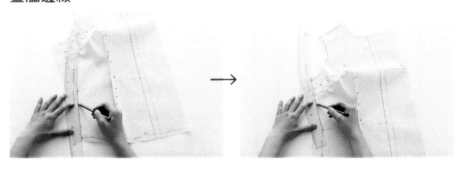

7 按照脇邊線的記號，從腰圍線至衣長線用大彎尺畫弧線，腰圍線至胸圍線用大彎尺畫弧線。沿著脇邊線往外留1.5公分的縫份後，將多餘的布剪掉。

畫褶子

完成立裁樣版

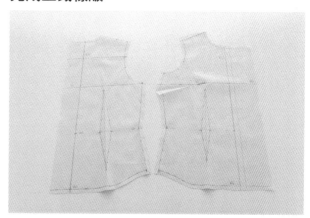

8 將前、後片的脅邊褶與腰褶用方格尺畫直線。

修版後完成

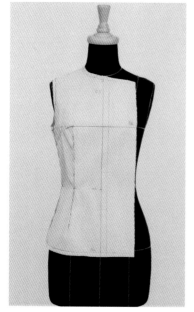

前面

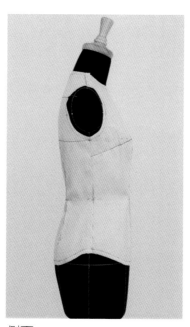

側面

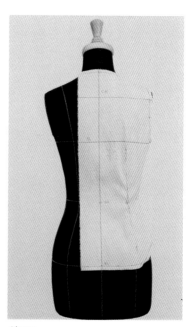

後面

肩膀
活褶設計

結構分析

▌ **上衣外輪廓**
合身（X-Line）

▌ **結構設計**
活褶

▌ **胸腰差處理方法**
前片腰褶與脇邊褶轉移至
肩膀

▌ **胸圍鬆份**
一圈設定4公分

▌ **腰圍鬆份**
一圈設定2.5公分

胚布準備

長度 依照設計的衣長,從側頸點通過乳頭再到腰圍線,上下各加5公分的粗裁量。

寬度 依照設計的衣身寬,加上中心線往外加10公分,脇邊線往外加8公分的粗裁量。

基準線 前中心線用紅筆畫線,胸圍線用藍筆畫線。

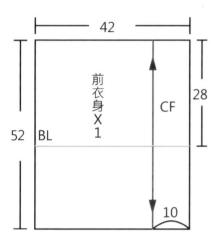

42

前衣身 X 1

CF

28

52　BL

10

人台準備

用紅色標示帶在人台上貼出所需結構線:
前片:肩褶2支。

製作步驟

前衣身片

1 胚布上所畫的前中心線和胸圍線須對齊人台上的前中心線和胸圍線，依次用絲針V字固定法固定前中心線與領圍線交叉處、左右BP點處，腰圍線處則用倒V固定。

2 用消失筆暫時畫出領圍線，沿著領圍線往上留1.5公分縫份，將多餘的布修掉。

3 領圍線剪牙口，距離1公分剪一刀。用右手掌從胸膛把布撫平推至肩膀後，用絲針固定側頸點，再用消失筆畫出領圍線記號。

4 腰圍與脇邊的鬆份往肩膀推上去，在胸圍線上留1公分的鬆份、腰圍線上留0.6公分的鬆份（鬆份量為整圈鬆份除以四），用絲針V字固定法固定胸圍線與脇邊線交叉處，腰圍線與脇邊線交叉處則用倒V固定，接著在腰圍線處剪牙口。

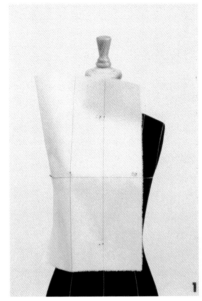
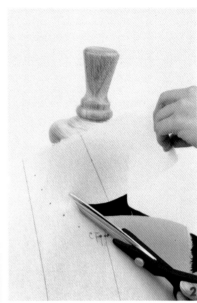

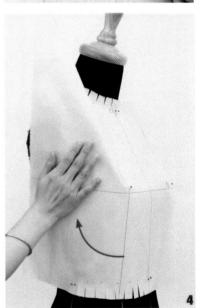

5 肩膀抓出2支活褶，用絲針蓋別法固定活褶，並用消失筆畫上記號。

6 沿著脇邊線往外留2公分的縫份，袖襱線往外留1.5公分的縫份，肩線往外留2公分的縫份後，將多餘的布修掉。

7 前衣身片完成。

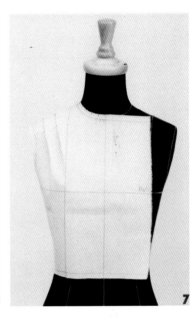

立裁樣版修正

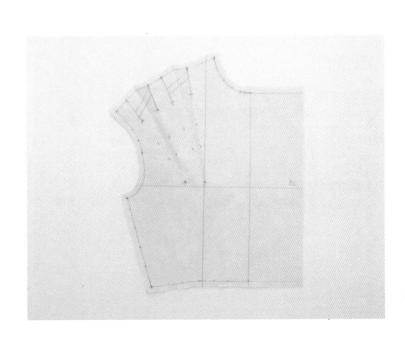

領圍
細褶設計

結構分析

▌上衣外輪廓

合身（X-Line）

▌結構設計

細褶

▌胸腰差處理方法

前片腰褶與脇邊褶轉移至
領圍

▌胸圍鬆份

一圈設定4公分

▌腰圍鬆份

一圈設定2.5公分

胚布準備

長度　依照設計的衣長，從側頸點通過乳頭再到腰圍線，上下各加3~5公分的粗裁量。

寬度　依照設計的衣身寬，中心線往外加10公分，脇邊線往外加8公分的粗裁量。

基準線　前中心線用紅筆畫線，胸圍線用藍筆畫線。

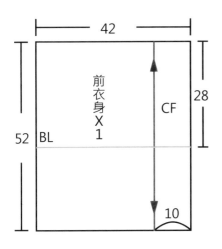

人台準備

用紅色標示帶在人台上貼出所需結構線：
前片：領圍往下1公分，削肩從側頸點往前3~4公分與胸圍線貼順。

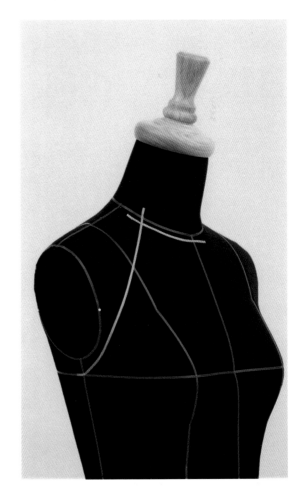

前衣身片

1 胚布上所畫的前中心線和胸圍線須對齊人台上的前中心線和胸圍線，依次用絲針V字固定法固定前中心線與領圍線交叉處、左右BP點處，腰圍線處則用倒V固定。腰圍與脇邊的鬆份往領圍推上去，在胸圍線上留1公分的鬆份、腰圍線上留0.6公分的鬆份（鬆份量為整圈鬆份除以四）。

2 沿著腰圍線往下留1.5公分縫份，將多餘的布修掉。

3 腰圍線用消失筆畫上記號後，剪牙口。

4 領圍線的細褶以距離1公分往前推0.5公分，用絲針固定細褶。

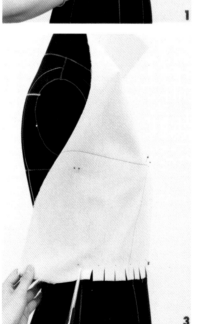

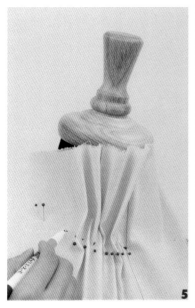 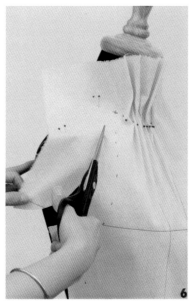 

5 領圍線用消失筆畫上記號。

6 沿著脇邊線往外留2公分的縫份，袖襱線往外留1.5公分的縫份，領圍線往外留1.5公分的縫份後，將多餘的布修掉。

7 前衣身片完成。

立裁樣版修正

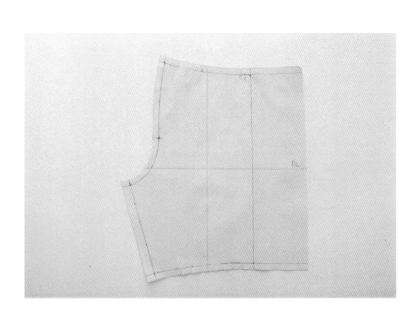

前中心
尖褶設計

結構分析

▍上衣外輪廓
合身（X-Line）

▍結構設計
尖褶

▍胸腰差處理方法
前片腰褶與脅邊褶轉移至
前中心

▍胸圍鬆份
一圈設定4公分

▍腰圍鬆份一圈設定
一圈設定2.5公分

胚布準備

長度 依照設計的衣長，從側頸點通過乳頭再到腰圍線，上下各加5公分的粗裁量。

寬度 依照設計的衣身寬，中心線往外加10公分，脇邊線往外加8公分的粗裁量。

基準線 前中心線用紅筆畫線，胸圍線用藍筆畫線。

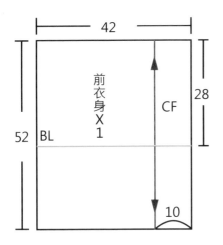

人台準備

用紅色標示帶在人台上貼出所需結構線：
前片：前中心線從前頸點往下貼到胸圍線，胸圍線上往B.P點貼8公分。

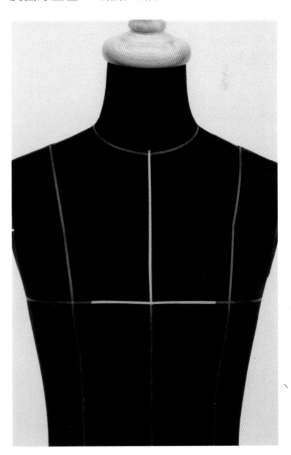

前衣身片

1 胚布上所畫的前中心線和胸圍線須對齊人台上的前中心線和胸圍線,依次用絲針V字固定法固定前中心線與領圍線交叉處、左右BP點處,腰圍線處則用倒V固定。腰圍與脇邊的鬆份往肩膀推上去,在胸圍線上留1公分的鬆份、腰圍線上留0.6公分的鬆份(鬆份量為整圈鬆份除以四)。

2 沿著腰圍線用消失筆畫上記號後,往下留1.5公分縫份,將多餘的布修掉並剪牙口。

3 前頸點的絲針拆下,把肩膀的鬆份往前中心推去。

4 用絲針V字固定法固定肩點與側頸點,用消失筆畫出領圍線、肩線、袖襱線的記號。沿著領圍線往上留1.5公分的縫份,肩線往外留2公分的縫份後,將多餘的布修掉。

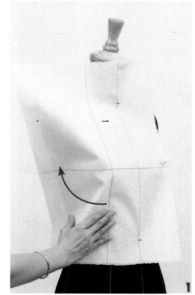
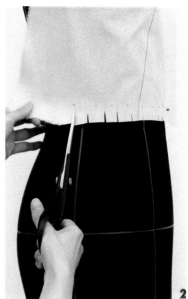
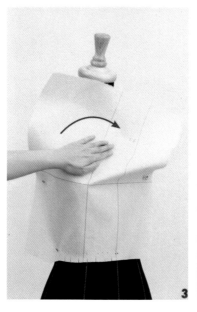
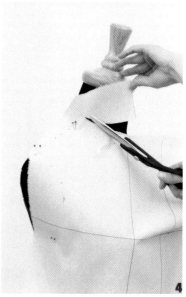

5 用絲針抓別法固定胸圍線上的尖褶，用消失筆畫出前中心線。

6 沿著前中心線往外留1.5公分的縫份，脇邊線往外留2公分的縫份，袖襱線往外留1.5公分的縫份後，將多餘的布修掉。

7 前衣身片完成。

立裁樣版修正

帕奈兒
剪接線設計

結構分析

▌上衣外輪廓
合身（X-Line）

▌結構設計
帕奈兒剪接線

▌胸腰差處理方法
前片袖襱褶與腰褶連接後
變成剪接線

▌胸圍鬆份
一圈設定6~8公分

▌腰圍鬆份
一圈設定4~6公分

胚布準備

前衣身長度 依照設計的衣長，從側頸點通過乳頭再到腰圍線，上下各加5公分的粗裁量。

前衣身寬度 依照設計的衣身寬，中心線往外加10公分，袖襱線往外加5公分的粗裁量。

前脇長度 依照設計的衣長，從帕奈兒剪接線往上加8公分，腰圍線往下加5公分的粗裁量。

前脇寬度 依照設計的衣身寬，從帕奈兒剪接線與脇邊線各往外加5公分的粗裁量。

基準線 前中心線用紅筆畫線，胸圍線用藍筆畫線。

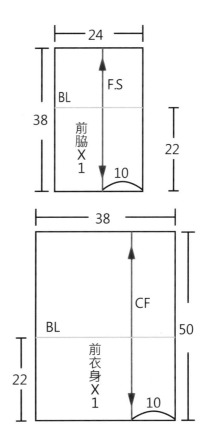

人台準備

用紅色標示帶在人台上貼出所需要的結構線：

前片：側頸點往外約1.5公分，前頸點往下約2公分，貼出領圍線。肩點往內約1公分，腋下點往下至胸圍線，貼出袖襱線。帕奈兒剪接線從前腋點順貼至B.P點往外約1公分再順貼到腰圍線。

製作步驟

前衣身片

1 胚布上所畫的前中心線和胸圍線須對齊人台上的前中心線和胸圍線，依次用絲針V字固定法固定前中心線與領圍線交叉處、左右BP點處，腰圍線處則用倒V固定；胸圍線保持水平至脇邊線，再用絲針V字固定法固定。

2 用消失筆畫出領圍線，沿著領圍線往上留1.5公分縫份後，將多餘的布修掉。

3 用右手掌從胸膛把布撫平推至肩膀後，用絲針固定側頸點與肩點。沿著肩線往外留2公分縫份後，將多餘的布修掉。

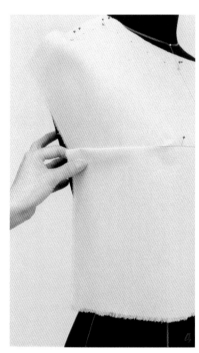
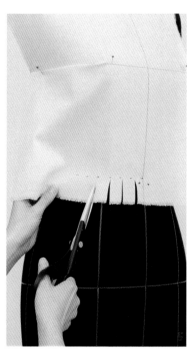

4 做脇邊褶，將袖襱的鬆份往下推至胸圍線下，用絲針蓋別法固定尖褶。

5 腰圍線用消失筆畫上記號後，剪牙口。

6 帕奈兒剪接線用消失筆畫上記號，並沿著剪接線往外留1.5公分的縫份後，將多餘的布修掉並剪牙口。

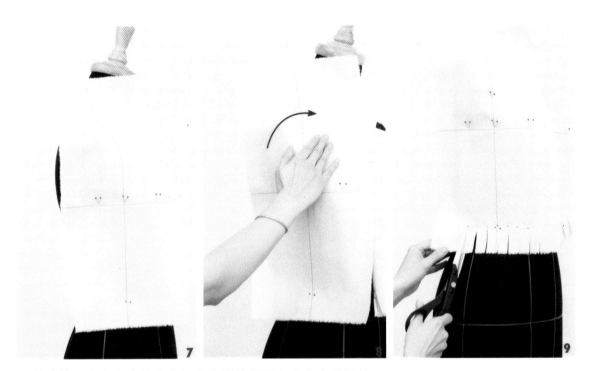

7 前脇的胚布上所畫的中心線和胸圍線須對齊人台上前脇的中心線和胸圍線，依次用絲針V字固定法固定中心線與胸圍線交叉處、右BP點處，左脇邊處、腰圍線處則用倒V固定。

8 胸圍線多餘的鬆份往肩膀上撫平，用絲針V字固定法固定在帕奈兒剪接線內。

9 腰圍線用消失筆畫上記號後，剪牙口。

10 帕奈兒剪接線用消失筆畫上記號，並沿著剪接線往外留1.5公分的縫份後，將多餘的布修掉。

11 前衣身片的縫份折入後，與前脇身片，用蓋別法固定帕奈兒剪接線。

12 前脇身片，在胸圍線上留1~1.5公分的鬆份、腰圍線上留0.5~1公分的鬆份（鬆份量為整圈鬆份除以四），用絲針固定脇邊線與胸圍線處。沿著脇邊線往外留2公分的縫份、袖襱線往外留1.5公分的縫份後，將多餘的布修掉。

13 前衣身片完成。

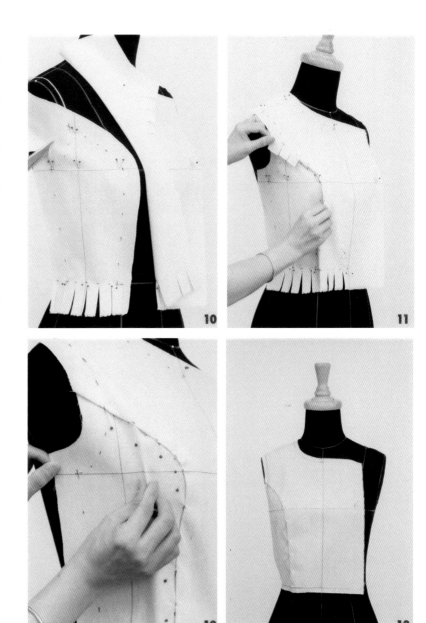

畫領圍線、袖襱線

1 將胚樣從人台拿下來，在桌面上把身片攤平，按照領圍、袖襱的記號線，用D型曲線尺將領圍線、袖襱線畫順。

畫脇邊線、腰圍線

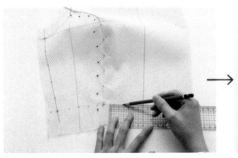 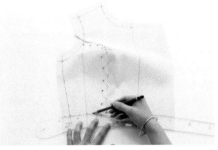

2 按照脇邊的記號線，從胸圍線至腰圍線用方格尺畫直線；按照腰圍的記號線，在前中心的腰圍線用方格尺畫一小段垂直線約3~5公分。

3 按照腰圍的記號線，在前脇的腰圍線用大彎尺畫弧線。

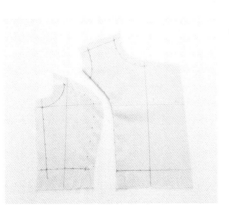

4 前中心與前脇的身片分開。

畫前衣身片的帕奈兒剪接線

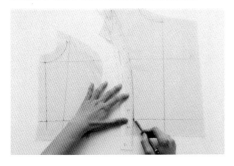

5 按照帕奈兒剪接的記號線，從胸圍線至腰圍線用大彎尺畫弧線。

6 從胸圍線至袖襱線用D型曲線尺畫弧線。

畫前脅身片的帕奈兒剪接線

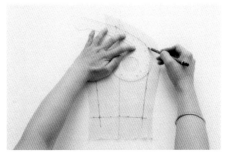

7 按照帕奈兒剪接的記號線，從胸圍線至腰圍線用大彎尺畫弧線。

8 從胸圍線至袖襱線用D型曲線尺畫弧線。

完成立裁樣版

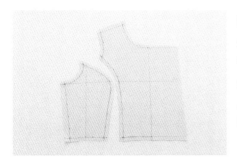

9 領圍線往外縫份留1公分、肩線往外縫份留1.5公分、袖襱線往外縫份留1公分、脅邊線往外縫份留1.5公分、腰圍線往外縫份留1公分、帕奈兒剪接線往外縫份留1公分後，將多餘的布剪掉。

高腰剪接線設計

結構分析

▋上衣外輪廓
合身（X-Line）

▋結構設計
高腰剪接線

▋胸腰差處理方法
前片胸下圍抽細褶

▋胸圍鬆份
一圈設定4公分

▋腰圍鬆份
一圈設定2.5公分

胚布準備

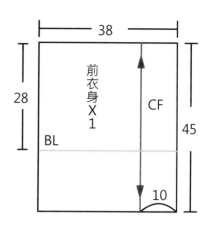

前衣身長度	依照設計的衣長，從側頸點通過乳頭再到高腰剪接線，上下各加5公分的粗裁量。
前衣身寬度	依照設計的衣身寬，中心線往外加10公分，脇邊線往外加5公分的粗裁量。
前高腰剪接長度	依照設計的高腰長度，高腰剪接線與腰圍線上下各加5公分的粗裁量。
前高腰剪接寬度	依照設計的高腰寬度，中心線往外加10公分，脇邊線往外加5公分的粗裁量。
基準線	前中心線用紅筆畫線，胸圍線用藍筆畫線。

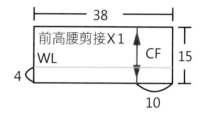

人台準備

用紅色標示帶在人台上貼出所需結構線：

1. 前片：側頸點往外約1.5公分、前頸點往下約3公分，貼出領圍線。肩點往內約1公分、腋下點往下至胸圍線，貼出袖襱線。

2. 高腰剪接線：從前中心的腰圍線往上7公分、脇邊的腰圍線往上5公分，順貼一條弧線。

前高腰剪接片

1 胚布上所畫的前中心線和腰圍線須對齊人台上的前中心線和腰圍線，依次用絲針V字固定法固定前中心線與高腰剪接線交叉處，腰圍線處則用倒V固定；胸下圍保持水平至脇邊線，再用絲針V字固定法固定。

2 胸下圍多餘的鬆份往脇邊上撫平。高腰剪接線與腰圍線上留0.5~1公分的鬆份（鬆份量為整圍鬆份除以四），用絲針V字固定法固定脇邊線與高腰剪接線處，腰圍線處則用倒V固定。

3 高腰剪接線與腰圍線用消失筆畫上記號後，沿著高腰剪接線與腰圍線處，上下各留1.5公分的縫份後，將多餘的布修掉，並剪牙口。

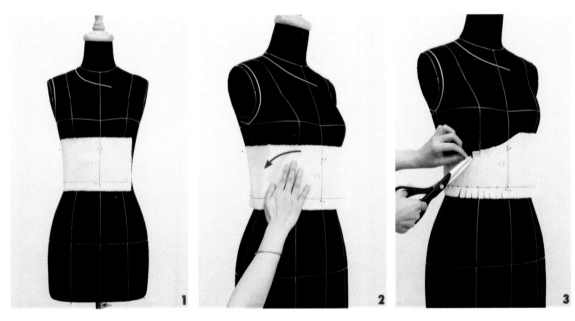

前衣身片

1 胚布上所畫的前中心線和胸圍線須對齊人台上的前中心線和胸圍線，依次用絲針V字固定法固定前中心線與領圍線交叉處、左右BP點處，腰圍線處則用倒V固定；胸圍線保持水平至脇邊線，再用絲針V字固定法固定。

2 用消失筆畫出領圍線，沿著領圍線往上留1.5公分縫份後，將多餘的布修掉。

3 用右手掌從胸膛把布撫平推至肩膀後，用絲針固定側頸點與肩點。沿著肩線往外留2公分縫份後，將多餘的布修掉。

4 將袖襱的鬆份往下推至腰圍線。

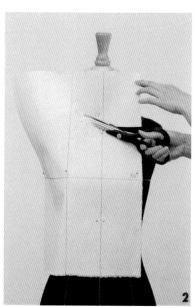

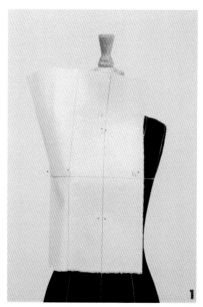

5 胸下圍與高腰剪接線處，把鬆份推成細褶。

6 高腰剪接線用消失筆畫上記號，並沿著高腰剪接線往下留1.5公分的縫份後，將多餘的布修掉。

7 在胸圍線上留1~1.5公分的鬆份、腰圍線上留0.5~1公分的鬆份（鬆份量為整圍鬆份除以四），用絲針V字固定法固定脇邊線與胸圍線處，高腰剪接線處則用倒V固定。

8 沿著脇邊線往外留2公分的縫份，袖襱線往外留1.5公分的縫份後，將多餘的布修掉。

9 高腰剪接片用蓋別法固定，前衣身片完成。

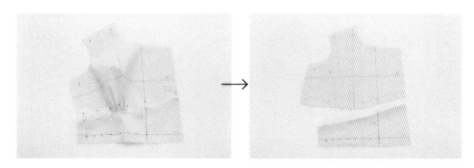

1 將胚樣從人台拿下來,放在桌面上把身片攤平。按照肩線與脇邊線的記號,用方格尺畫直線。

畫前衣身片

2 按照高腰剪接線、領圍線與袖襱線的記號,用D型曲線尺畫圓弧線。

畫前高腰剪接片

3 按照高腰剪接線的記號,用大彎尺畫弧線。

完成立裁樣版

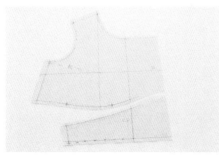

4 領圍線往外縫份留1公分、肩線往外縫份留1.5公分、袖襱線往外縫份留1公分、脇邊線往外縫份留1.5公分、腰圍線往外縫份留1公分、高腰剪接線往外縫份留1公分後,將多餘的布剪掉。

垂墜羅馬領設計

結構分析

▌上衣外輪廓
合身（X-Line）

▌結構設計
垂墜羅馬領

▌胸腰差處理方法
前片肩膀打3支活褶

▌胸圍鬆份
一圈設定8~12公分

▌腰圍鬆份
一圈設定4~6公分

胚布準備

長度 依照設計的衣長,從側頸點通過乳頭再到腰圍線,上下各加15公分的粗裁量。

寬度 依照設計的衣身寬,左右各往外加20公分的粗裁量。

基準線 斜對角用紅筆畫線。

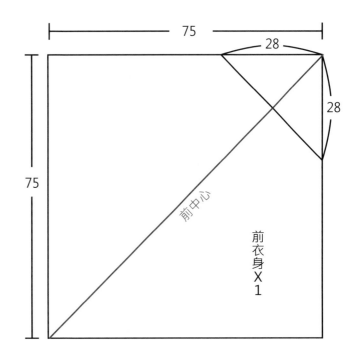

人台準備

用紅色標示帶在人台上貼出所需結構線:
前片:肩膀左右各3支活褶。

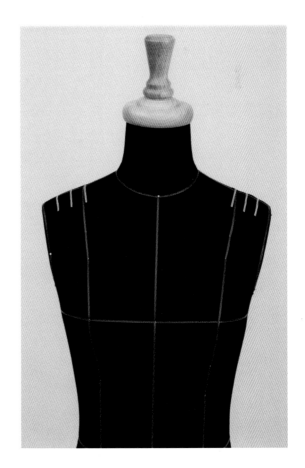

製作步驟

前身片

1 胚布上所畫的前中心線須對齊人台上的前中心線，依次用絲針V字固定法固定前中心線與領圍線交叉處、左右BP點處，腰圍線處則用倒V固定。

2 用消失筆暫時畫出腰圍線，沿著腰圍線往下留2公分縫份後，將多餘的布修掉並剪牙口。

3 腰圍線上留1~1.5公分的鬆份（鬆份量為整圈鬆份除以四），將多餘的鬆份往脇邊推去，腰圍線與脇邊線交叉處用絲針倒V固定。用右手掌從脇邊把布撫平推至肩膀後，用絲針V字固定法固定胸圍線與脇邊線交叉處。

4 將前中心線往前拉，胸圍線上留6~8公分的鬆份（鬆份量為整圈鬆份除以2）。

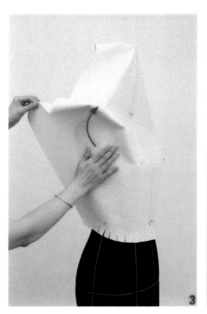

5 確定鬆份後，用絲針V字固定法固定左右肩點。

6 把鬆份往下壓，從肩點開始抓第1支活褶。

7 再把鬆份往下壓，抓第2支活褶。

8 再把鬆份往下壓，抓第3支活褶。

POINT
這三支活褶的前中心線必須保持直線，對齊人台上的前中心線。

9 脇邊線與袖襱線用消失筆畫上記號，沿著脇邊線往外留2公分的縫份、袖襱線往外留1.5公分的縫份後，將多餘的布修掉。

10 肩膀活褶用消失筆畫上記號。

11 垂墜羅馬領完成。

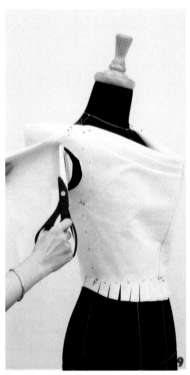
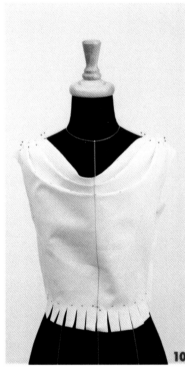

畫脇邊線、肩線

1 將胚樣從人台拿下來，在桌面上把身片攤平。

2 按照脇邊線與肩線的記號，用方格尺畫直線。

畫腰圍線、袖襱線

3 按照腰圍線與袖襱線的記號，用D型曲線尺畫弧線。

4 肩線往外縫份留1.5公分後，將多餘的布剪掉。

5 把肩膀活褶攤平，用大彎尺畫活褶。

6 領圍線的前中心往外縫份留8公分，肩線往外縫份留4公分後，將多餘的布剪掉。

完成立裁樣版

7 袖襱線往外縫份留1公分、脇邊線往外縫份留1.5公分、腰圍線往外縫份留1公分後，將多餘的布剪掉。

不對稱設計

結構分析

▎**上衣外輪廓**
　合身（X-Line）

▎**結構設計**
　3支活褶

▎**胸圍鬆份**
　一圈設定4公分

▎**腰圍鬆份**
　一圈設定4公分

胚布準備

左前衣身長度 依照設計的衣長，從側頸點通過乳頭再到腰圍線，上下各加5公分的粗裁量。

左前衣身寬度 依照設計的衣身寬，中心線往外加15公分，脅邊線往外加5公分的粗裁量。

左前衣身基準線 前中心線用紅筆畫線，胸圍線用藍筆畫線。

右前衣身長度 依照設計的衣長，從側頸點通過乳頭再到腰圍線，上下各加12公分粗裁量。

右前衣身寬度 與長度相同即可。

人台準備

用紅色標示帶在人台上貼出所需要的結構線：

1. 左前片：V領線從側頸點往外約1.5公分開始，貼至右前片的腰圍線上。腰褶長度從腰圍線往上約13~14公分。

2. 右前片：V領線從側頸點往外約1.5公分開始，貼至左前片的BP點下約5~6公分。第一支活褶從肩點往內約5公分開始，第二支從前腋點開始，第三支從胸圍線往下約3公分開始，貼至右前片的腰褶上。

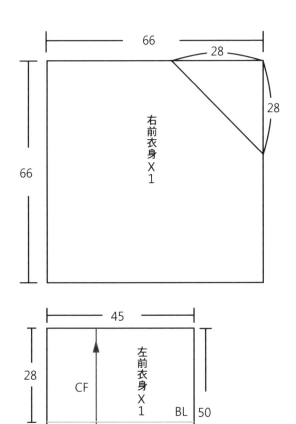

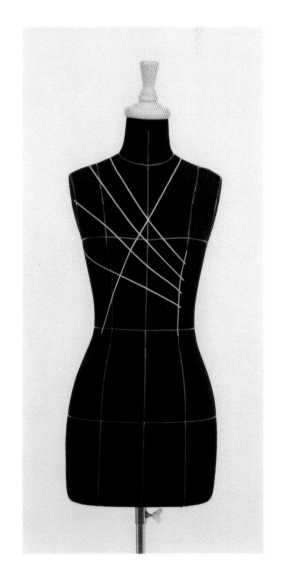

左前片

1.胚布上所畫的前中心線和胸圍線須對齊人台上的前中心線和胸圍線,依次用絲針V字固定法固定前中心線與領圍線交叉處、左右BP點處;腰圍線處用倒V固定,胸圍線則保持水平至脇邊線,用絲針V字固定法固定。

2 用消失筆暫時畫出V領線,沿著V領線往外留1.5公分縫份後,將多餘的布修掉並剪牙口。

3 V領縫份往內折好,用右手掌從胸膛把布撫平推至肩膀,再用絲針固定側頸點與肩點。沿著肩線往外留2公分縫份後,將多餘的布修掉。

4 腰褶:將袖襱的鬆份往下推至腰圍線,用絲針V字固定法固定脇邊線與胸圍線交叉處,腰圍線處則用倒V固定。

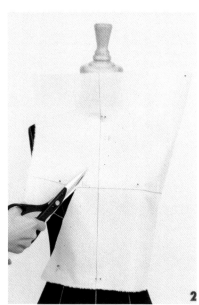

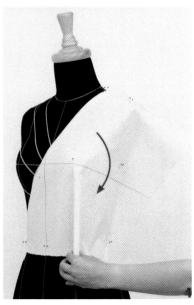

5 脇邊線與袖襱線：用消失筆畫上記號後，沿著脇邊線往外留2公分的縫份、袖襱線往外留1.5公分的縫份後，將多餘的布修掉。

6 腰褶：腰圍鬆份約1公分（鬆份量為整圈鬆份除以四），其他鬆份用抓別固定法固定腰褶。

7 腰圍線用消失筆畫上記號後，往下留1.5公分的縫份，將多餘的布修掉並剪牙口、腰褶從中心線剪開。

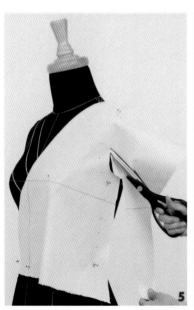

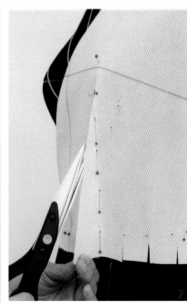

右前片

1 用消失筆暫時畫出V領線，沿著V領線往外留1.5公分縫份後，將多餘的布修掉並剪牙口。

2 V領縫份往內折好，用絲針固定側頸點。V領線固定在左前片腰褶處。

3 第一支活褶：用絲針固定肩膀後，抓一支活褶褶寬約5~6公分，固定在左前片腰褶處。

4 第二支活褶：用絲針V字固定法固定肩點與前腋點後，抓一支活褶褶寬約5~6公分，固定在左前片腰褶處。

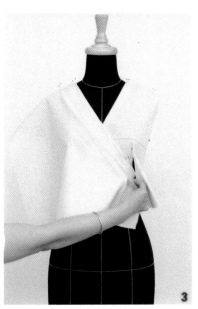

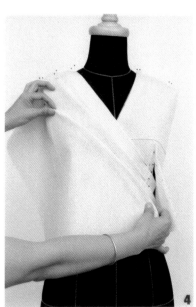

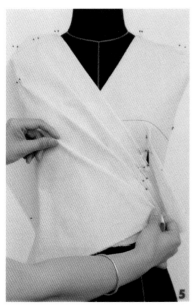

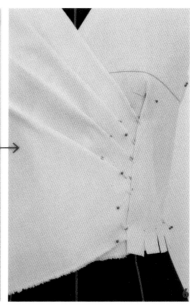

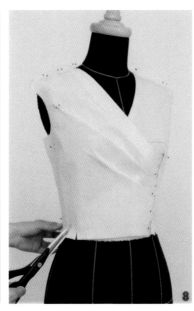

5 第三支活褶：約在胸下圍處，抓一支活褶褶寬約5~6公分，固定在左前片腰褶處。

6 將左前片的腰褶，用蓋別固定法固定。

7 脇邊線與袖襱線：用消失筆畫上記號後，沿著脇邊線往外留2公分的縫份、袖襱線往外留1.5公分的縫份後，將多餘的布修掉。

8 腰圍鬆份約1公分（鬆份量為整圈鬆份除以四），腰圍線往外留1.5公分的縫份後，將多餘的布修掉並剪牙口。

9 前衣身片完成。

畫腰圍線

1 按照腰圍線的記號，在前中心的腰圍線用方格尺畫一小段垂直線約3公分後，用大彎尺左右畫弧線。

畫脇邊線

2 按照脇邊線的記號，從胸圍線至腰圍線用方格尺畫直線。

3 左右片分開。

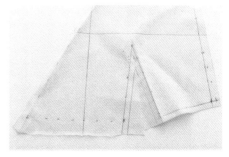

4 左前片畫腰褶，腰褶線往外留1公分的縫份後，將多餘的布修掉。

左前片畫袖攏線

5 按照袖攏線的記號線，用D型曲線尺將袖攏線畫順。

左前片畫V領圍線

6 按照V領的記號，用大彎尺將V領圍線畫順。

右前片畫活褶線

7 按照活褶線的記號，用方格尺畫直線。活褶線往外縫份留1公分後，將多餘的布剪掉。

8 右前片畫活褶線後將活褶拆開。

9 右前片活褶做記號。

右前片畫V領圍線

10 按照V領的記號，用大彎尺將V領圍線畫順。

右前片畫袖襱線

11 按照袖襱線的記號，用D型曲線尺將袖襱線畫順。

完成立裁樣版

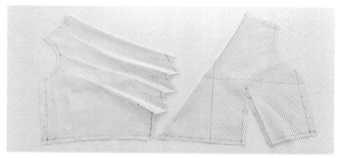

12 V領圍線往外縫份留1公分，肩線往外縫份留1.5公分，袖襱線往外縫份留1公分，脇邊線往外縫份留1.5公分，腰圍線往外縫份留1公分，腰褶線往外縫份留1公分後，將多餘的布剪掉。

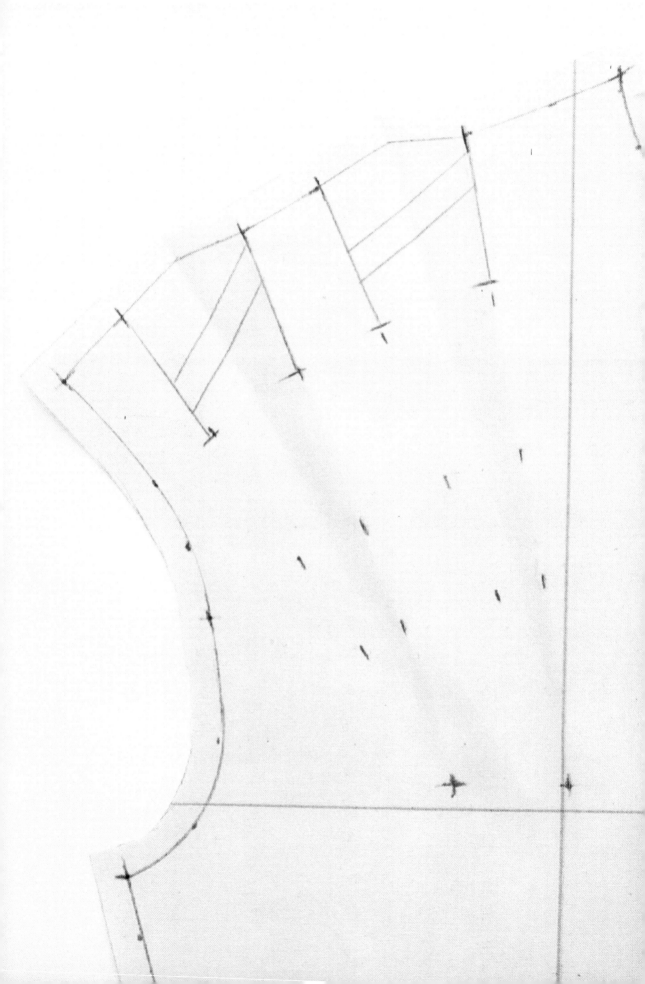

BL

領子構成原理

頸部在身體的最上端，與臉部相接，所以在服裝設計中領子的設計相對來說很重要，其造型會直接影響服裝整體的外觀。

多種變化的領子設計

將布料包覆頸部，透過領圍線弧度、領腰高低、領面大小、領外緣尺寸等變化，讓它成為服裝設計上的重點；另外，也可以運用剪接線設計來處理。

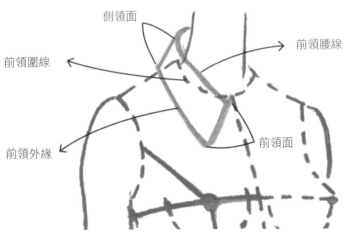

側領面
前領腰線
前領圍線
前領外緣
前領面

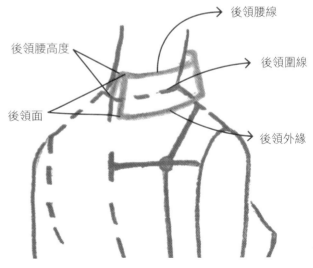

後領腰線
後領腰高度
後領圍線
後領面
後領外緣

領子的鬆份變化

頸部基本上不太需要活動量，製作時約保留一根
手指頭的寬度，即可達到舒適的效果；但透過領
子不同程度的鬆份變化，也可為服飾帶來不同的
風格樣貌。

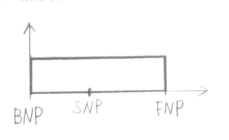
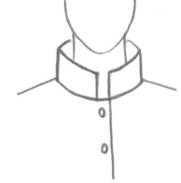

領子的鬆份可貼近脖子也可離開脖子，以立領為例，一般的長方形領領圍是豎立
在脖子邊的。

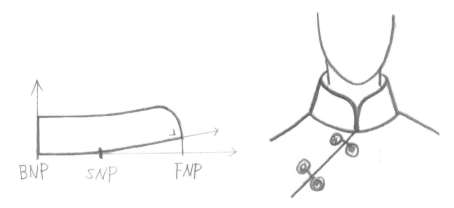

若將前頸點往上提高，領圍尺寸不變，但領外緣尺寸縮短，則領片就會比較貼近脖
子。

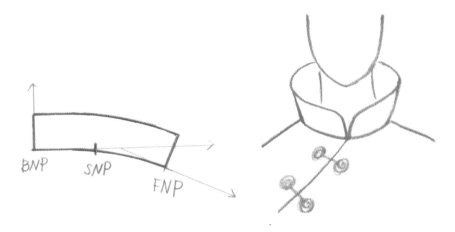

若將前頸點往下降低，領圍尺寸不變，但領外緣尺寸增長，則領片就會離脖子比較遠。

立領

胚布準備

長度 依照領圍的長度，後中心往外加6公分
與前中心往外加10公分的粗裁量。

寬度 依照設計的領子高度，後領圍線往下加
3公分與往上加3~4公分的粗裁量。

基準線 後中心線用紅筆畫線，後領圍線用藍筆
畫線。

人台準備

用紅色標示帶在人台上貼出所需要的結構線：

1.領圍線：後領圍不下降，側頸點往外0.5公分，前頸點往下0.5公分。

2.立領線：從後領圍往上3~3.5公分，順貼到前領圍線往上2.5~3公分。

3.持出份：從前中心往外1.5公分。

| 領圍線 | 立領線 | 持出份 |

製作步驟

1 胚布上所畫的後中心線和後領圍線須對齊人台上的後中心線和後領圍線，用絲針橫別固定法固定後中心線與後領圍線交叉處，確定立領高度約3~3.5公分後，再用絲針橫別固定法固定。後領圍線以下剪牙口，牙口距離約1公分。

2 將胚布往前拉到前頸點後，在側頸點處放入一根手指頭當鬆份。

3 沿著領圍標示線，順著牙口上方別上絲針，再剪牙口至標示線。

4 繼續往前頸點別絲針，要保持領圍的鬆份與圓潤度，畫出立領的記號線。

> **POINT**
> 側頸點處一定要別一支絲針。

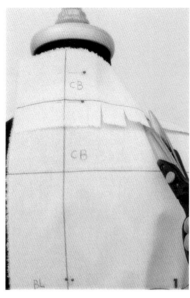

5 完成立領。

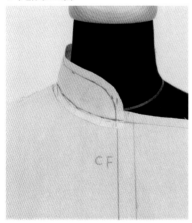

前面

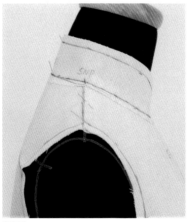

側面

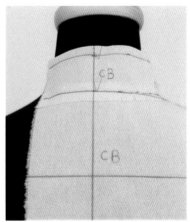

後面

畫領圍線

1 將胚樣從人台拿下來，仔細觀察一下線條。

2 後領圍線與後中心線用方格尺畫一小段垂直線約2公分。

3 立領線條用D型曲線尺按照立領記號線畫順。

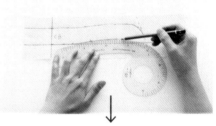

4 立領的領圍線，一樣用D型曲線尺，按照立領的領圍記號線畫順。

完成立裁樣版

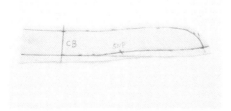

VARIATIONS

翻領

胚布準備

因為要用正斜紋布做翻領，所以用35×35平方公分的正方形粗裁量。

基準線 後中心線用紅筆畫線，後領圍線用藍筆畫線。

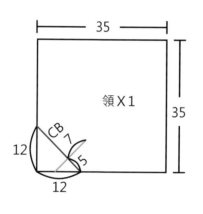

領×1

35

35

CB

12

12

7

5

人台準備

用紅色標示帶在人台上貼出所需要的結構線：

1.領圍線：後領圍下降約0.5公分，側頸點往外約0.8公分，前中心往下約1.5~2公分。

2.持出份：從前中心往外1.5公分。

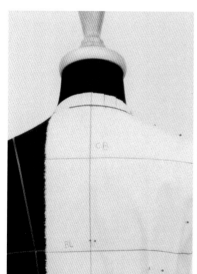

後領圍線

前領圍線與持出份

製作步驟

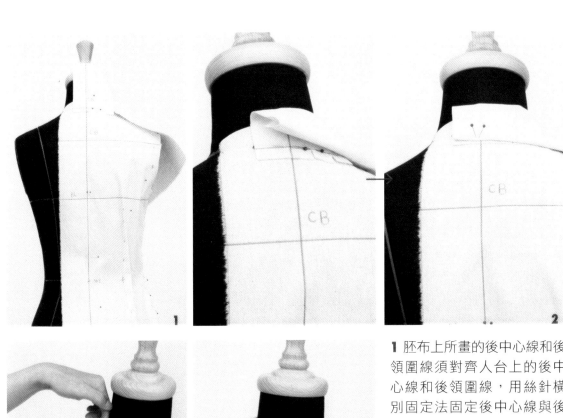

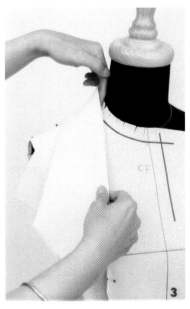

1 胚布上所畫的後中心線和後領圍線須對齊人台上的後中心線和後領圍線，用絲針橫別固定法固定後中心線與後領圍線交叉處，確定腰領高度約3~3.5公分後，再用絲針橫別固定法固定。後領圍線以下剪牙口，牙口距離約1公分。

2 將胚布往下翻入，作出領面高度，領面要蓋住後領圍線，再往下約0.5公分後，用絲針V字固定法固定後領圍線。

3 將領子順拉到前頸點後，在側頸點處放入一根手指頭當鬆份。

4 暫時固定前頸點。

5 將翻領往上翻起來，沿著領圍的標示線別上絲針後，再剪牙口至標示線。

6 繼續往前頸點別絲針後，再剪牙口至標示線，要保持領圍的鬆份與圓潤度。畫出領圍記號線。

7 領圍別好後，再把領子翻到正面，看領圍鬆份是否符合設計。

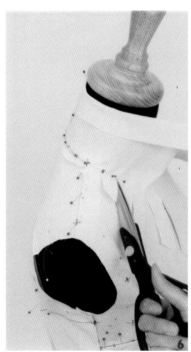

POINT
側頸點處一定要別一支絲針。

8 將前領圍的翻領折入，做出設計稿上的領子形狀。

9 沿著領子的記號線往外留1.5公分縫份後，將多餘的布修掉。畫出領腰與領外緣的記號線。

10 完成翻領。

前面　　　　　　　側面　　　　　　　後面

畫領圍線

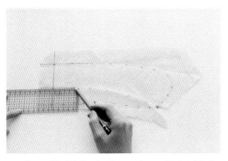

1 將胚樣從人台拿下來，仔細觀察一下線條。後領圍線、領腰線、領面線與後中心線要用方格尺畫一小段垂直線約2公分。

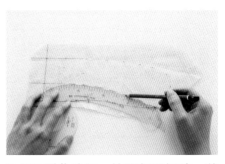

3 用D型曲線尺，按照領腰記號，將領腰線畫順。

2 用D型曲線尺，按照領圍記號，將領圍線畫順。

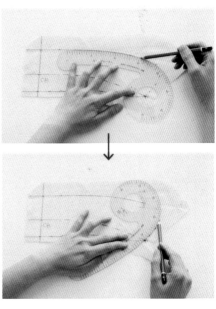

4 用D型曲線尺，按照領外緣記號，將領外緣線畫順。

完成立裁樣版

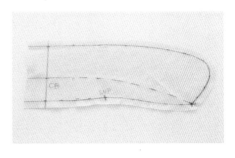

襯衫領

胚布準備

長度 依照領圍的長度,後中心往外加6公分、前中心往外加10公分的粗裁量。

寬度 依照設計的領子高度,後領圍線往下加3~6公分、往上加3~4公分的粗裁量。

基準線 後中心線用紅筆畫線,後領圍線用藍筆畫線。

35

9　6　CB　領台 X1　3

35

13

CB　領面 X1

6　6

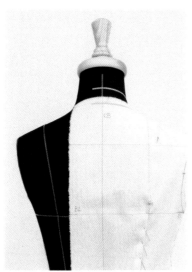

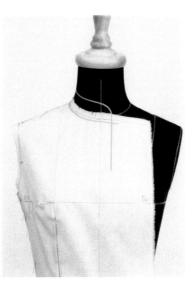

人台準備

用紅色標示帶在人台上貼出所需要的結構線:

1.領圍線:後領圍不下降,側頸點往外0.5公分,前中心往下0.5公分。

2.持出份:從前中心往外1.5公分。

3.領台線:從後領圍往上3~3.5公分,順貼到前領圍線往上2.5~3公分。

製作步驟

領台

1 胚布上所畫的後中心線和後領圍線須對齊人台上的後中心線和後領圍線，用絲針橫別固定法固定後中心線與後領圍線交叉處，確定領台高度約3~3.5公分後，再用絲針橫別固定法固定。後領圍線以下剪牙口，牙口距離約1公分。

2 將胚布往前拉到前頸點後，在側頸點處放入一支鉛筆當鬆份。

3 沿著領圍標示線，順著牙口的上方別上絲針，再剪牙口至標示線。

4 繼續往前頸點別絲針，要保持領圍的鬆份與圓潤度。

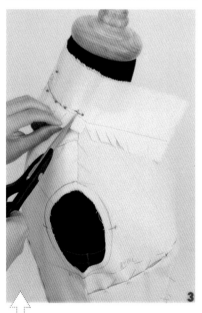

POINT
側頸點處一定要別一支絲針。

5 用消失筆畫出前中心的記號線。

6 用消失筆畫出領台的記號線。沿著記號線往上留1.5公分的縫份後,將多餘的布修掉。

7 完成領台,將前領圍的持出份的領台縫份折入。

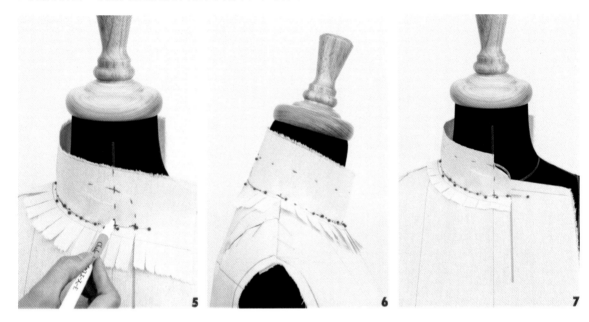

領面

1 胚布上所畫的後中心線和後領圍線，須對齊人台上的領台後中心線和領外緣線，用絲針橫別固定法固定後領台的後中心線與後領台的領外緣線交叉處。領面的後領圍線以下剪牙口，牙口距離約1公分。

2 將胚布往下翻入，做出領面高度，領面要蓋住領台的後領圍線，再往下約0.5公分後，用絲針V字固定法固定領面的領外緣線。

3 將領面順拉到前頸點後，在側頸點處放入一根手指頭當鬆份。

4 暫時固定領台的前中心，領面的領外緣要服貼在肩膀上。

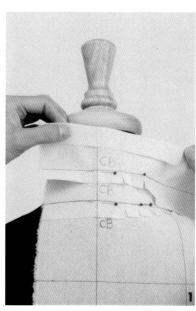

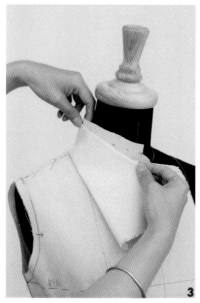

5 領面的領圍線沿著領台的領外緣線用消失筆畫出記號。

6 將領面往上翻起來，沿著領台的領外緣線別上絲針，再剪牙口至標示線。

7 繼續往領台的前中心別絲針後，再剪牙口至標示線，要保持領圍的鬆份與圓潤度。畫出領面的持出份的領圍記號線。

 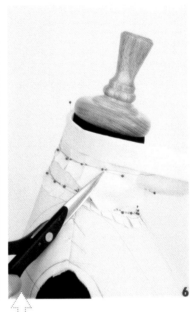 

POINT
側頸點處一定要別一支絲針。

8 領面的領圍別好後，再把領子翻到正面。

9 將領面的前領圍多餘的布折入，做出設計稿上的領子形狀。畫出領面的領圍線與領外緣的記號線。

10 完成翻領。

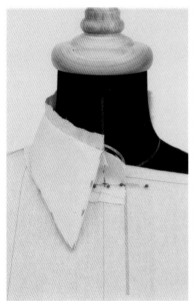

前面

側面

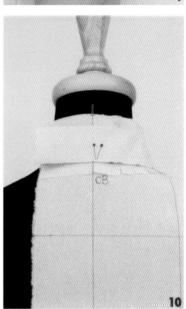

後面

畫領台

1 將胚樣從人台拿下來，仔細觀察一下線條。

2 後領圍線與後中心線要用方格尺畫一小段垂直線約2公分。

3 用D型曲線尺，按照領外緣記號，將領外緣線畫順。

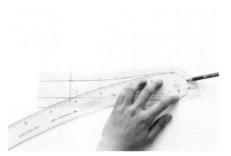

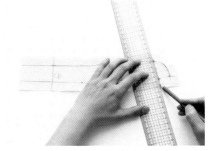

4 用大彎尺，按照領外緣記號，將領外緣線畫順。

5 前中心線，用方格尺畫直線。

6 持出份必須與前中心線呈現垂直，用方格尺畫直線。

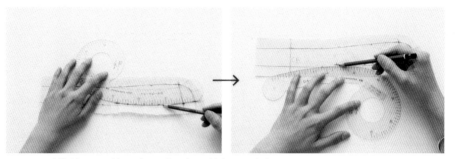

7 用D型曲線尺，按照領圍記號，將領圍線畫順。

畫領面

1 後領圍線與後中心線要用方格尺畫一小段垂直線約2公分。

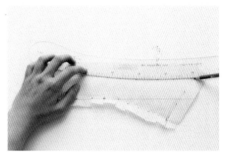

2 用大彎尺，按照領外緣記號，將領外緣線畫順。

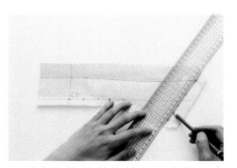

3 前中心的領外緣線，用方格尺畫直線。

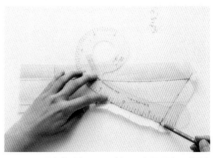

4 用D型曲線尺，按照領圍記號將領圍線畫順。

完成立裁樣版

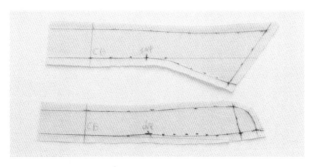

波浪領

胚布準備

基準線 ：後中心線用紅筆畫線，後領圍線用藍筆畫線。

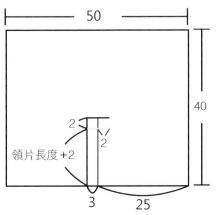

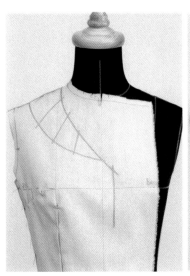

前面　　　　　　　　後面

人台準備

用紅色標示帶在人台上貼出所需要的結構線：

1.領圍線：後領圍下降約1公分，側頸點往外約1.5公分，前頸點往下約9~11公分。

2.波浪領長度：後領圍下降約8~9公分，側頸點往外約7~8公分，順貼至前中心。

3.波浪位置：後領圍2支波浪，肩線1支波浪，前領圍3支波浪。

4.持出份：從前中心往外1.5公分。

製作步驟

1 胚布上所畫的後中心線和後領圍線須對齊人台上的後中心線和後領圍線，用絲針橫別固定法固定後中心線與後領圍線交叉處，後中心線與後領片長度處。

2 將胚布往前中心傾倒，用消失筆畫出波浪處，別一支絲針、剪牙口後倒波浪。波浪大小約2~3公分。

3 繼續往前，用消失筆畫出波浪處，別一支絲針、剪牙口後倒波浪。波浪大小約2~3公分。

4 重複第2步驟與第3步驟，往前中心繼續做波浪。

5 確定波浪大小是否符合設計，沿著領圍線與領外緣線往外各留1.5公分縫份後，將多餘的布修掉，完成波浪領。

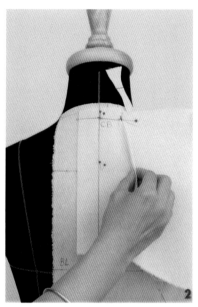

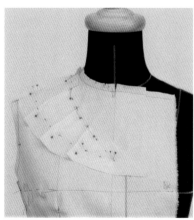
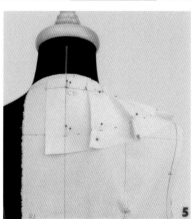

前面　　　　　　　後面

畫領圍線

1 將胚樣從人台拿下來，仔細觀察一下線條。後領圍線與後中心線用方格尺畫一小段垂直線約2公分。

2 後領圍用方格尺畫直線。

3 用D型曲線尺，按照領圍記號，將前領圍線畫順。

4 用D型曲線尺，按照領外緣記號，將領外緣線畫順。

完成立裁樣版

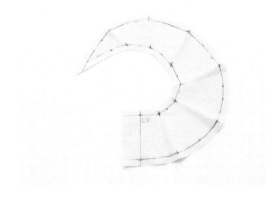

VARIATIONS

國民領

人台準備

1.領圍線：後領圍下降約0.5公分，側頸點往外約0.7公分，前中心往下約1.5公分。
2.持出份：從前中心往外1.5公分。
3.決定第一顆釦子的位置，從前頸點往下降約9公分。
4.將前中心多餘的布往內折入。
5.將前中心反折至第一顆釦子的位置。
6.畫出領折線。

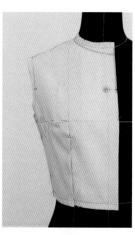

胚布準備

長度 依照領圍的長度，後中心往外加6公分、前中心往外加10公分的粗裁量。

高度 依照設計的領子高度，後領圍線往下加4公分、往上加3~4公分的粗裁量。

基準線 後中心線用紅筆畫線，後領圍線用藍筆畫線。

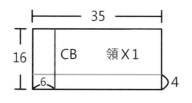

35

16

CB　領X1

6　　4

製作步驟

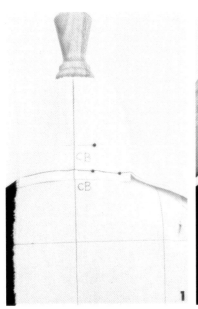

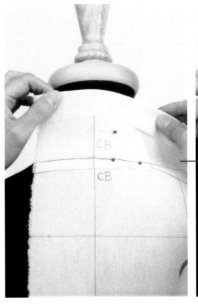

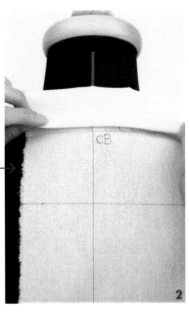

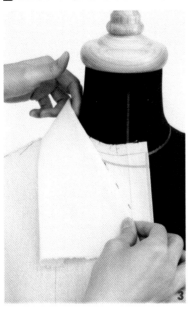

1 胚布上所畫的後中心線和後領圍線須對齊人台上的後中心線和後領圍線，用絲針橫別固定法固定後中心線與後領圍線交叉處，確定領腰高度約3~3.5公分後，用絲針橫別固定法固定。後領圍線以下剪牙口，牙口距離約1公分。

2 將胚布往下翻入，作出領面高度，領面要蓋住後領圍線，再往下約0.5公分後，用絲針V字固定法固定後領圍線。

3 將領子順拉到領折線後，在側頸點處放入一根手指頭當鬆份。領腰對到領折線。

4 將領子往上翻起來，沿著領圍標示線別上絲針，再剪牙口至標示線。

5 繼續往前頸點別絲針後，再剪牙口至標示線，要保持領圍的鬆份與圓潤度。畫出領子的領圍記號線。

6 領圍別好後，再把領子翻到正面，領子順著領折線。

7 將前領圍多餘的布折入，做出設計稿上的領子形狀。

8 完成國民領。

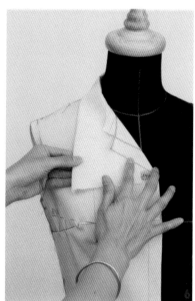

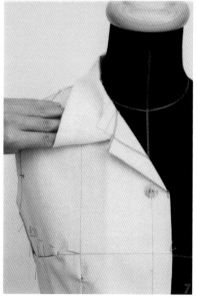

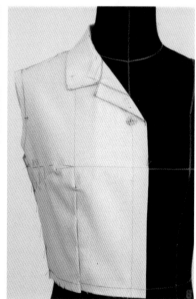

畫領圍線

1 將胚樣從人台拿下來，仔細觀察一下線條。後領圍線、領腰線、領外緣線與後中心線都用方格尺畫一小段垂直線約2公分。

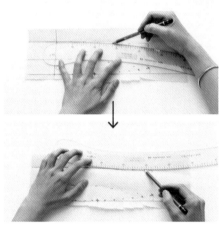

2 用大彎尺，按照領外緣記號，將領外緣線畫順。

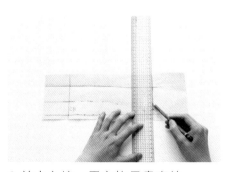

3 前中心線，用方格尺畫直線。

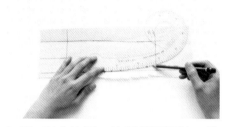

4 用D型曲線尺，按照領圍記號，將領圍線畫順。

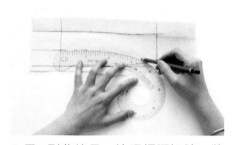

5 用D型曲線尺，按照領腰記號，將領腰線畫順。

完成立裁樣版

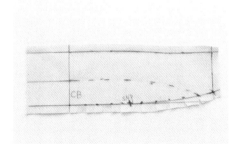

VARIATIONS
海軍領

胚布準備

基準線 後中心線用紅筆畫線，
後領圍線用藍筆畫線。

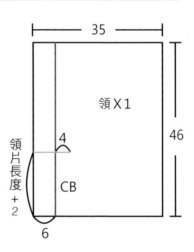

領 X 1

35

46

領片長度 + 2

4

CB

6

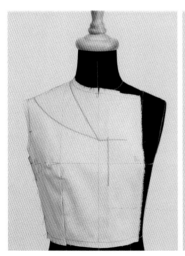

前面

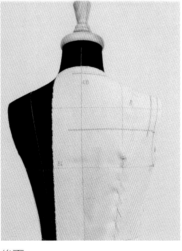

後面

人台準備

用紅色標示帶在人台上貼出所
需要的結構線：

1.領圍線：後領圍下降約0.5公
分，側頸點往外約0.8公分，前
頸點往下約9~11公分。

2.海軍領長度：後領圍往下降
約10~12公分，側頸點往外約
9~10公分，順貼至前中心。

3.持出份：從前中心往外1.5公
分。

製作步驟

1 胚布上所畫的後中心線和後領圍線須對齊人台上的後中心線和後領圍線，用絲針橫別固定法固定後中心線與後領圍線交叉處，以及後中心線與後領片長度處。後領圍線往上留1.5公分後，剪入約5公分後剪牙口。

2 將胚布往前中心傾倒。

3 將胚布披在肩膀上，觀察領型，在側頸點抓出領腰高度約0.5公分後，用消失筆畫出領圍線，用絲針橫別固定，將多餘的布修掉。

4 用消失筆畫出領外緣的記號線，將多餘的布修掉，完成海軍領。

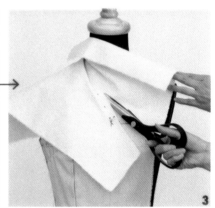

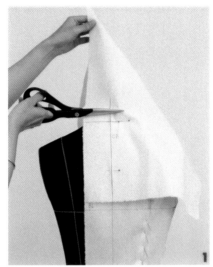

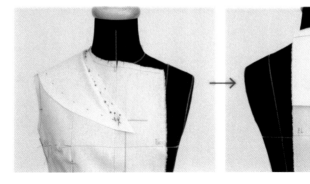

畫領圍線

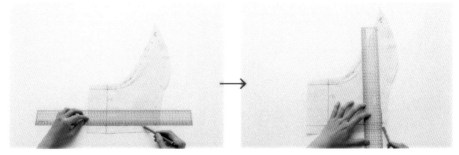

1 將胚樣從人台拿下來，仔細觀察一下線條。後領外緣線用方格尺畫直線。

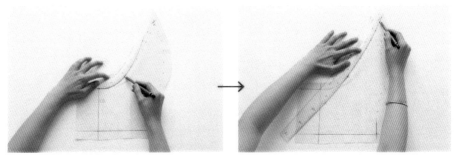

2 後領圍線與後中心線用方格尺畫一小段垂直線約2公分，接著換D型曲線尺，按照領圍記號線畫順，再換大彎尺畫順。

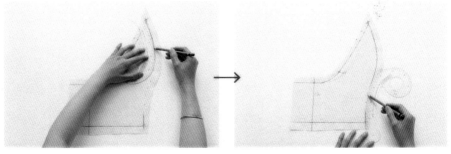

3 用D型曲線尺，按照領外緣記號，將領外緣線畫順。

完成立裁樣版

Basic
基本長袖

Variations
窄管袖
泡泡袖
反折短袖

袖子構成原理

手臂是人體關節中運動量最大的部分，例如寫字、打電腦、開車、拿東西等等，所以在設計袖子時，必須考慮手臂的方向性與機能性；而袖山高、袖寬與縮縫量，是袖子製作時最重要的三個關鍵，若能精準掌握、靈活運用，必定能做出漂亮的袖子。

人體側面觀察

仔細觀察人體上半身體型，在立正站好、手臂自然下垂的姿勢下，從側面看，手肘至手腕的部分會微微往前傾。

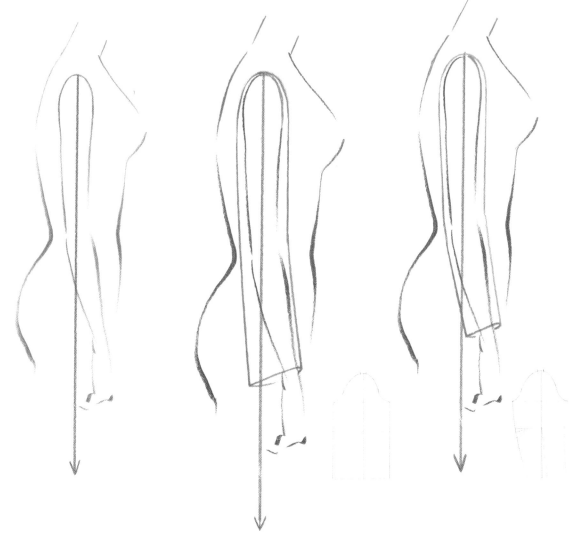

| 手臂方向 | 無方向性的基本袖子 | 有方向性的窄管袖子 |

袖子的結構

手臂自然垂下，從肩點往下至臂根深+1.5~2公分的鬆份，就是袖山高；從肩點往下至手肘點是肘長；從肩點往下至手腕點是袖長。

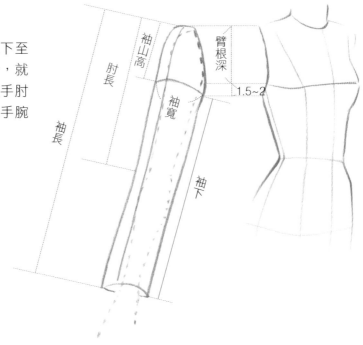

袖山高

袖山高會隨著手臂舉高而有所變化，因此與容許的活動度有緊密關係。當袖山高較高時，袖寬是窄的，此時它的外觀好看、腋下無皺褶，但容許的活動量較少；反之，當袖山高較低時，袖寬是寬的，它的外觀比較不好看且腋下很多皺褶，但容許的活動量較多，手臂能夠輕易舉高。

一般來說，如果要兼具美觀與機能性，製作時可將手臂插在髖關節上，此時袖山高的高度，是可以兩者兼具的。

袖襱的鬆份處理

將布料包覆在手臂與肩膀上，將多餘的寬鬆份透過縮縫、尖褶、活褶、細褶、波浪等五種基本技法處理，轉變成各式各樣的袖型，或者也可運用剪接線設計來處理。

手臂的標示帶貼法

1 手臂外側：手臂寬度分2等分，前手臂略小0.5公分，從手臂最上端開始貼一條直線至手肘線，手肘線貼一條微彎線至袖口。

2 手臂內側：手臂寬度分2等分，前手臂略小0.5公分，從手臂最上端開始貼一條直線至手肘線，手肘線貼一條微彎線至袖口。

手臂量袖長的方法

用皮尺或捲尺固定在手臂最上端，經過手肘再到手腕，量出袖長，一般基本長袖是52~54公分，用標示帶水平貼一圈。

手臂別在人台上的方法

1 手臂緊靠在人台上，手臂的中心線對齊人台上的肩線，將手臂上的力布拉緊後，用絲針逆方向插入人台的肩膀上。

2 手腕處的紅色虛線必須對齊人台上的脇邊線。

3 確定手臂方向，要微微往前傾約20度。

4 壓住上手臂，將手臂上的力布拉緊後，用絲針逆方向插入人台的肩膀上至前、後腋下點。

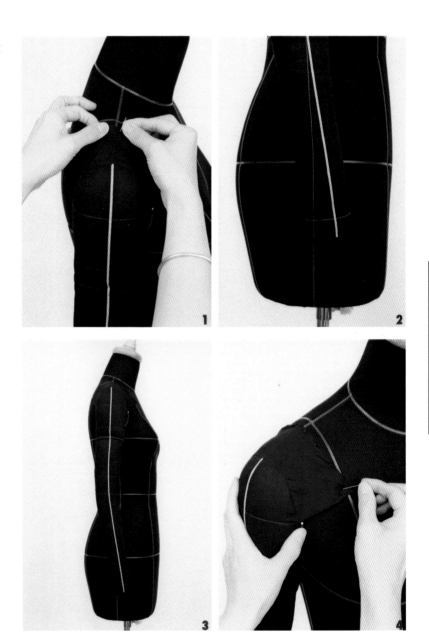

BASIC

基本長袖

結構分析

1. 無方向性的袖子，又稱直筒袖子。
2. 袖襱以縮縫處理，包覆肩膀。

胚布準備

長度　依照袖子的長度，往上、下各加
　　　　6公分的粗裁量。

寬度　依照設計的袖子寬度，左右各加
　　　　5公分的粗裁量。

基準線　中心線用紅筆畫線，袖寬線用藍
　　　　筆畫線。

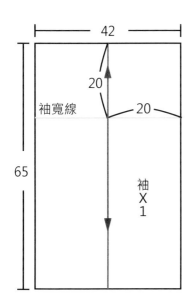

42

20

袖寬線　　20

65

袖
X
1

手臂準備

用紅色標示帶在人台上貼出所需結構線：

1.貼出袖子的長度：從肩點往下量出袖長
後，水平貼一圈。

2.貼出袖寬線：對齊衣身的腋下點，水平貼
一圈。

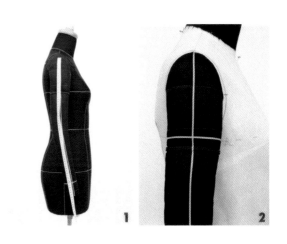

製作步驟

1 胚布上所畫的中心線和袖寬線須對齊手臂外側的中心線和袖寬線，用絲針橫別固定法固定中心線與袖寬線往上、下各4公分處、手肘處，確定袖長後，將袖口胚布反折固定袖口處。

2 袖口處：胚布上所畫的中心線須對齊手臂外側的紅色虛線。

3 把胚布包覆手臂，前手臂側邊鬆份約1.5公分，後手臂側邊鬆份約2公分，用絲針直別固定。

4 鬆份保持垂直拉順至袖口。

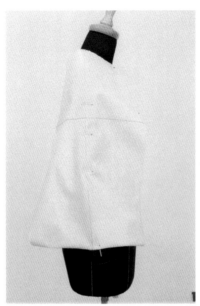

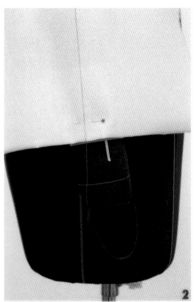

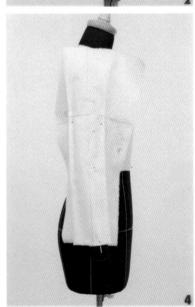

POINT
觀察肩膀縮縫量約2公分，若縮縫量太多，就必須減少鬆份。

5 將前、後袖寬線折入，用消失筆畫出前、後袖的袖下線記號。

6 沿著前、後袖的袖下線的記號，拿方格尺用消失筆畫垂直線至袖口。

7 沿著前、後袖的袖下線的記號，往外留2公分縫份後，將多餘的布修掉。

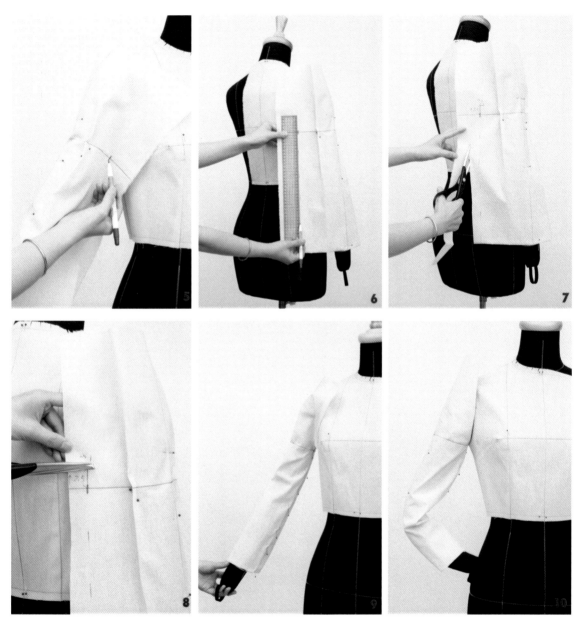

8 沿著前、後袖的袖寬線往上2.5公分，往內1公分，剪一刀。

9 將前袖的袖下線縫份折入，對齊後袖的袖下線，用絲針蓋別固定。

10 將手臂插在臀圍線上5公分處固定，腋下點與袖下點用絲針橫別固定。

11 從腋下點慢慢調整袖襱的弧度後，用絲針斜別固定至前腋點。用消失筆畫出前腋點的記號。

12 將前袖子的胚布拉出來，剪一刀至前腋點。

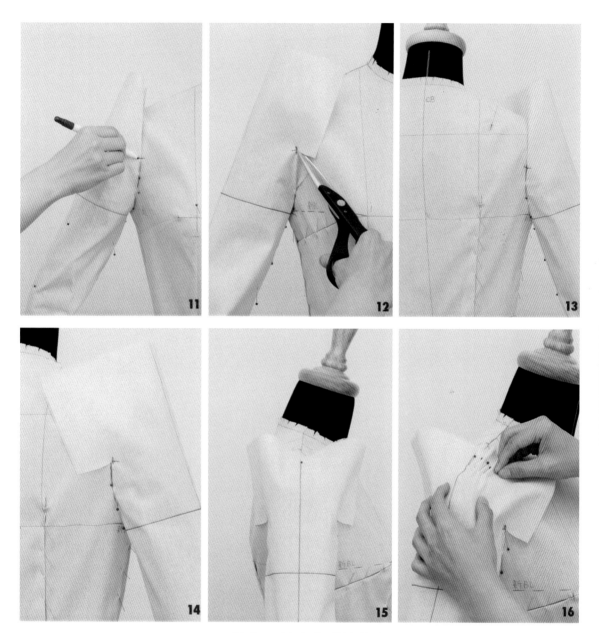

13 從腋下點慢慢調整袖襱的弧度後，用絲針斜別固定至後腋點。用消失筆畫出後腋點的記號。

14 將後袖子的胚布拉出來，剪一刀至後腋點。

15 將中心線對齊肩點後固定。

16 將前袖襱的鬆份慢慢推成縮縫後固定，鬆份平均分散在肩點與前腋點之間。

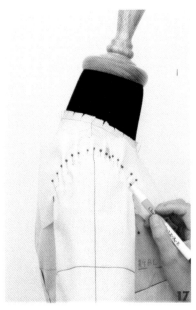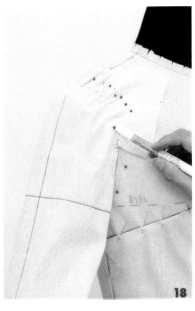

17 將後袖襱的鬆份慢慢推成縮縫後固定，鬆份平均分散在肩點與後腋點之間。

18 用消失筆畫出前、後袖襱的記號線。完成。

立裁樣版修正

畫前、後袖下線

1 將胚樣從人台拿下來，仔細觀察一下線條，前、後袖下線用方格尺畫直線。

畫袖口

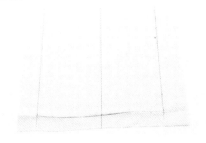

2 用大彎尺按照袖口的記號線畫弧線。

畫前、後袖襱

3 用D型曲線尺，按照前、後袖襱的記號線畫圓弧線。

畫前、後腋點與袖下

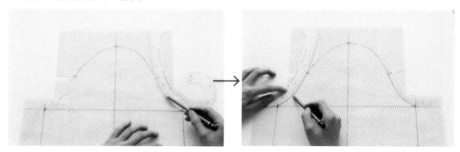

4 用D型曲線尺，按照前腋點與袖下的記號線畫圓弧線。

5 袖襱線往外留1公分，袖下線往外留1.5公分，袖口線往下留4公分縫份後，將多餘的布剪掉，完成立裁樣版。

修版後完成

前面　　　　　側面

窄管袖

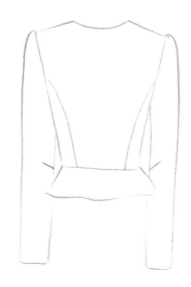

結構分析

1. 有方向性的袖子，後片手肘有一支尖褶。
2. 袖襱以縮縫處理，包覆肩膀。

胚布準備

長度	依照袖子的長度，往上、下各加6公分的粗裁量。
寬度	依照設計的袖子寬度，左右各加5公分的粗裁量。
基準線	中心線用紅筆畫線，袖寬線用藍筆畫線。

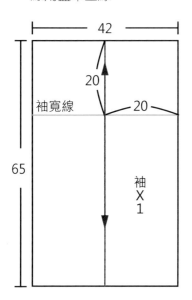

手臂準備

用紅色標示帶在人台上貼出所需要的結構線：
1. 貼出袖子長度：從肩點往下量出袖長，水平貼一圈。
2. 貼出袖寬線：對齊衣身的腋下點，水平貼一圈。

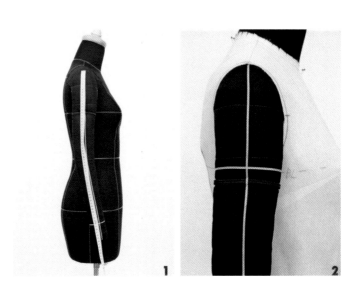

製作步驟

1 胚布上所畫的中心線和袖寬線須對齊手臂外側的中心線和袖寬線，用絲針橫別固定法固定中心線與袖寬線往上、下各4公分處、手肘處，確定袖長後，將袖口胚布反折固定袖口處。

2 袖口處：胚布上所畫的中心線須對齊手臂外側的紅色虛線。

3 把胚布包覆手臂，前手臂側邊鬆份約1.5公分，後手臂側邊鬆份約2公分，用絲針直別固定。

4 將前手臂翻到內側，用消失筆畫出袖下線與手肘線。

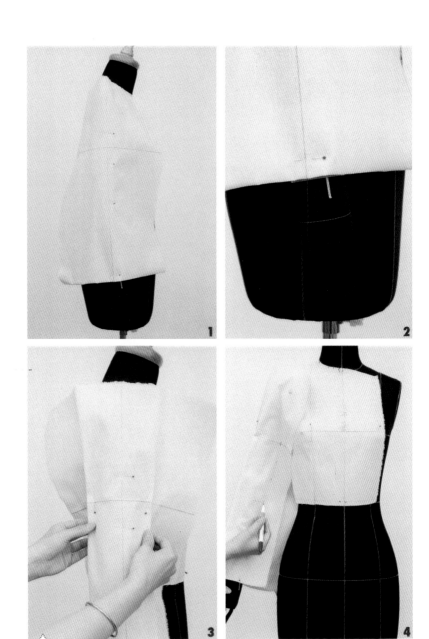

POINT
觀察肩膀縮縫量約2公分，若縮縫量太多，就必須減少鬆份。

5 前手臂的手肘線處，剪一刀。

6 將前手臂的手肘線處，往外拉約0.7~1公分後，用消失筆重新畫出前袖下線的記號，往外留2公分縫份，將多餘的布修掉。

7 後袖手肘線往下1.5~2公分，做一支尖褶，讓袖口變小，袖口鬆份約（手掌圍＋4~6公分）。

 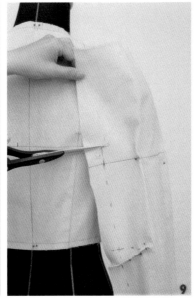 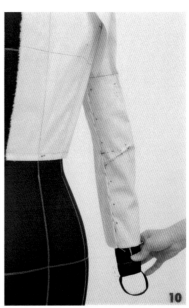

8 用消失筆畫出後袖下線的記號，往外留2公分縫份，將多餘的布修掉。

9 沿著前、後袖的袖寬線，往上2.5公分，往內1公分，剪一刀。

10 將前袖的袖下線縫份折入，對齊後袖的袖下線，用絲針蓋別固定。

11 將手臂插在臀圍線上5公分處固定，腋下點與袖下點用絲針橫別固定。

12 從腋下點慢慢調整袖襱的弧度後，用絲針斜別固定至前腋點。用消失筆畫出前腋點的記號。

13 將前袖子的胚布拉出來，剪一刀至前腋點。

14 從腋下點慢慢調整袖襱的弧度後，用絲針斜別固定至後腋點。用消失筆畫出後腋點的記號。

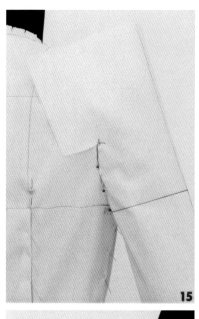

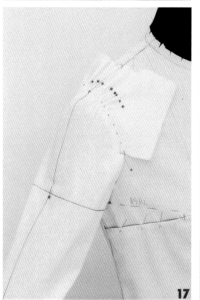

15 將後袖子的胚布拉出來，剪一刀至後腋點。

16 將中心線對齊肩點後固定。

17 將前、後袖襱的鬆份慢慢推成縮縫後固定，鬆份平均分散在肩點與前、後腋點之間。

18 用消失筆畫出前、後袖襱的記號。完成。

畫前袖下線

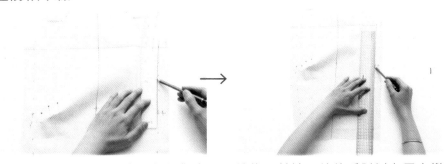

1 將胚樣從人台拿下來，仔細觀察一下線條，前袖下線的手肘以上用大彎尺畫弧線，手肘以下用方格尺畫直線。

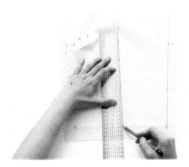

2 袖口中心線往前約2公分，用方格尺畫直線。

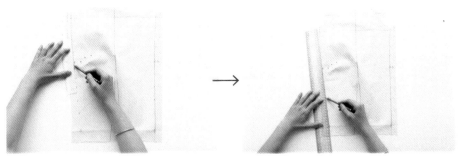

3 後袖下線的手肘以上用大彎尺畫弧線，手肘以下用方格尺畫直線。

畫袖口

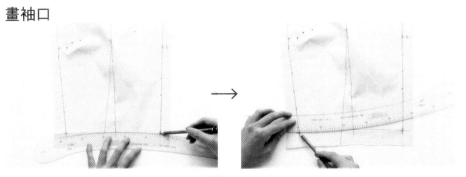

4 用大彎尺按照袖口的記號線畫弧線。

畫手肘尖褶

5 用方格尺，按照尖褶的記號線畫直線。

畫前、後袖襱

6 用D型曲線尺，按照前、後袖襱的記號線畫圓弧線。

畫前、後腋點與袖下

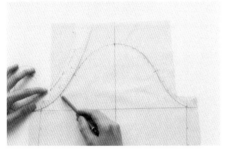

7 用D型曲線尺，按照前腋點與袖下的記號線畫圓弧線。

8 袖襱線往外留1公分，袖下線往外留1.5公分，袖口線往下留4公分縫份後，將多餘的布剪掉，完成立裁樣版。

修版後完成

前面

側面

後面

VARIATIONS

泡泡袖

結構分析

1.袖襱以細褶處理,包覆肩膀。

2.袖口也是細褶處理,做出蓬鬆感。

手臂準備

用紅色標示帶在手臂上貼出所需要的結構線:

1. 貼出袖寬線:對齊衣身的腋下點,水平貼一圈。

2. 在設定的袖長處,用胚布纏繞出約2公分的鬆份。

3. 貼出袖長位置:從肩點往下量出袖長後,以袖寬線為基準往下5公分,水平貼一圈。

4. 肩膀往內1.5～2cm貼標示帶。

胚布準備

長度	依照袖子的長度,肩點往上加10公分、袖長往下加10公分的粗裁量。
寬度	依照設計的袖子寬度,左右各加10公分的粗裁量。
基準線	中心線用紅筆畫線,袖寬線用藍筆畫線。

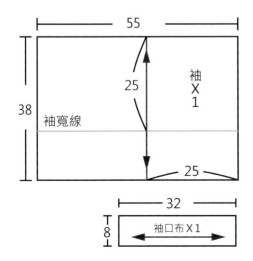

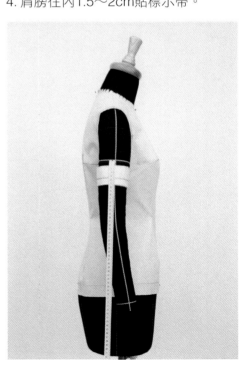

製作步驟

POINT
若細褶量太少，就必須增加鬆份。

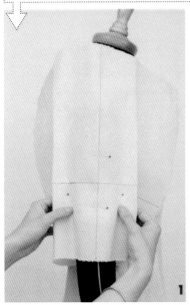

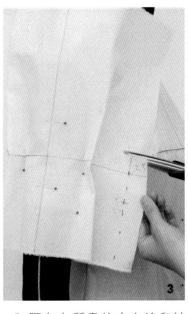

1 胚布上所畫的中心線和袖寬線須對齊手臂外側的中心線和袖寬線，用絲針橫別固定法固定中心線與袖寬線往上4公分處、袖口處。把胚布包覆手臂，前、後手臂的袖寬線側邊鬆份各約6公分，保持直順至袖口。

2 用消失筆畫出前、後袖的袖下線的記號，往外留2公分縫份後，將多餘的布修掉。

3 沿著前、後袖的袖寬線往上2.5公分，往內1公分，剪一刀。

4 將前袖的袖下線縫份折入，對齊後袖的袖下線，用絲針蓋別固定。

5 用一條胚布綁在袖口處，將前、後的鬆份平均分散在袖口處。

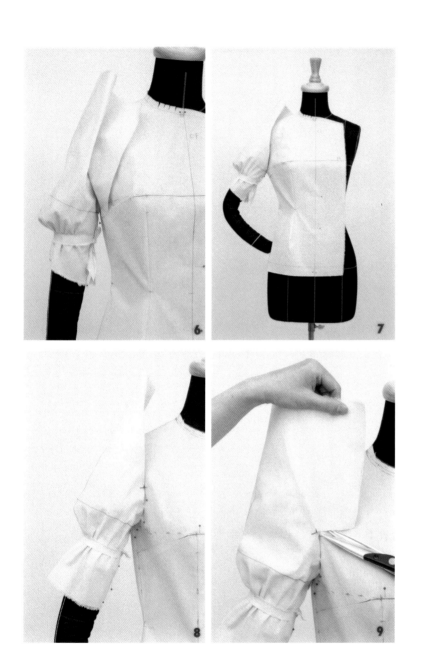

6 將中心線與袖寬線交叉處微微拉高，並調整整圈的蓬鬆度。

7 將手臂插在臀圍線上5公分處固定，腋下點與袖下點用絲針橫別固定。

8 從腋下點慢慢調整袖襱的弧度後，用絲針斜別固定至前、後腋點。用消失筆畫出前、後腋點的記號。

9 將前、後袖子的胚布拉出來，前、後腋點各剪一刀。

10 將袖子的中心線與衣身的肩點交叉處，將胚布微微拉高，做出所需的蓬鬆度。

11 將中心線對齊肩點後固定，前、後袖襱的鬆份慢慢推出細褶後固定，細褶平均分散在肩點與前、後腋點之間。用消失筆畫出前、後袖襱的記號。

12 用消失筆畫出袖口記號。

13 沿著袖襱線往外留1.5公分縫份，袖口線往下留1.5公分縫份後，將多餘的布修掉，即完成。仔細觀察外輪廓、蓬鬆度、細褶份量，是否符合設計稿。

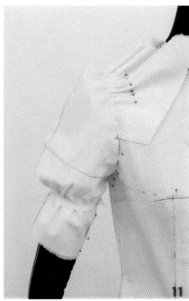

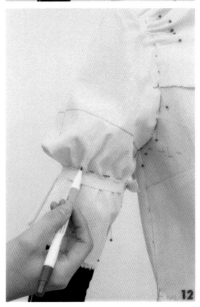

畫前、後袖下線

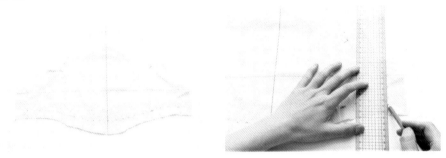

1 將胚樣從人台拿下來，仔細觀察線條，前、後袖下線用方格尺畫直線。

畫袖口

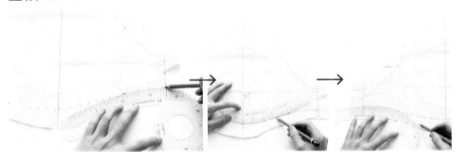

2 用D型曲線尺，按照袖口的記號線畫弧線。

畫前袖襱

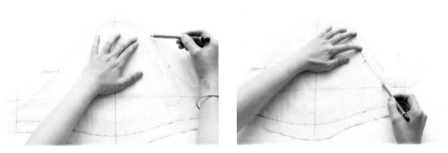

3 用D型曲線尺，按照前袖襱的記號線畫圓弧線。

畫後袖襱

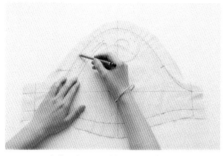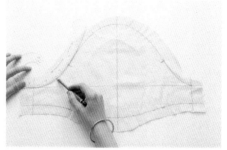

4 用D型曲線尺，按照後袖襱的記號線畫圓弧線。

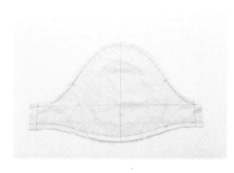

5 袖襱線與袖口線都往外留1公分，袖下線往外留1.5公分的縫份後，將多餘的布修掉。畫出前、後腋下點，完成立裁樣版。

修版後完成

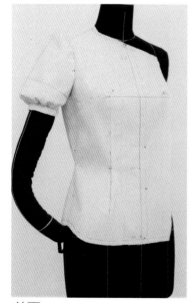

前面

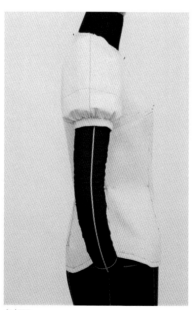

側面

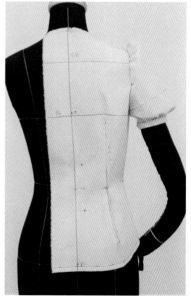

後面

反折短袖

結構分析

袖襱以縮縫處理，包覆肩膀。

胚布準備

長度 依照袖子的長度+（反折的寬度x2），肩點往上加6公分與袖長往下加6公分的粗裁量。

寬度 依照設計的袖子寬度，左右各加5公分的粗裁量。

基準線 中心線用紅筆畫線，袖寬線用藍筆畫線。

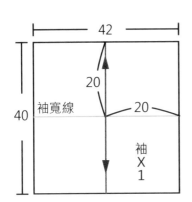

42

20

20

40 袖寬線

袖
X
1

手臂準備

用紅色標示帶在人台上貼出所需要的結構線：

1. 貼出袖寬線：對齊衣身的腋下點，水平貼一圈。

2. 貼出袖長位置：從肩點往下量出袖長後，以袖寬線為基準往下8公分，水平貼一圈。

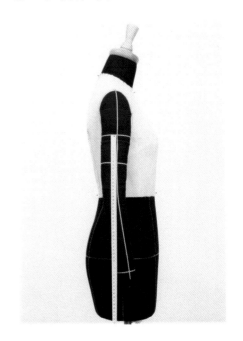

製作步驟

1 袖寬線往下畫約8~10公分為袖下長，再畫反折的寬度約3公分。

2 將多餘的布往內反折後，再將反折的寬度3公分，往上反折。

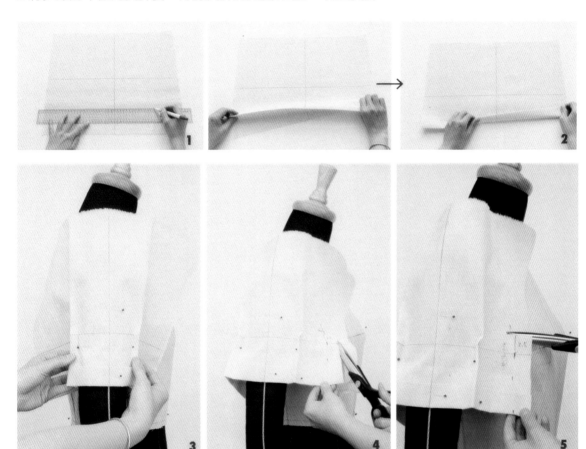

POINT
觀察肩膀縮縫量約2公分，若縮縫量太多，就必須減少鬆份。

3 胚布上所畫的中心線和袖寬線須對齊手臂外側的中心線和袖寬線，用絲針橫別固定法固定中心線與袖寬線往上4公分與袖口處。把胚布包覆手臂，前手臂側邊鬆份約1.5公分，後手臂側邊鬆份約2公分，用絲針直別固定。

4 將前、後袖寬線折入，用消失筆畫出前、後袖的袖下線的記號。沿著前、後袖的袖下線的記號，往外留2公分縫份後，將多餘的布修掉。

5 沿著前、後袖的袖寬線往上2.5公分，往內1公分，剪一刀。

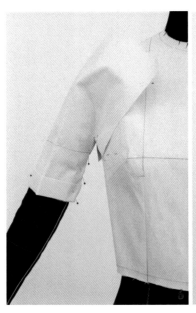  

6 將前袖的袖下線縫份折入，對齊後袖的袖下線，用絲針蓋別
固定。

7 將手臂插在臀圍線上5公分處固定，腋下點與袖下點用絲針
橫別固定。

8 從腋下點慢慢調整袖襱的弧度後，用絲針斜別固定至前、後
腋點。用消失筆畫出前、後腋點的記號。

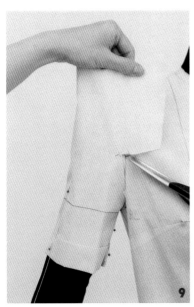  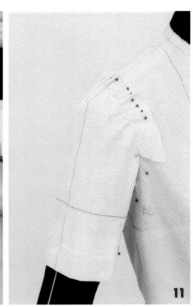

9 將前、後袖子的胚布拉出來，前、後腋點各剪一刀。

10 將中心線對齊肩點後固定，將前、後袖襱的鬆份，用絲針慢慢推成縮縫後固定，鬆份平均分散在肩點與前、後腋點之間。用消失筆畫出前、後袖襱的記號。

11 沿著袖襱線往外留1.5公分縫份後，將多餘的布修掉，即完成。仔細觀察外輪廓、寬鬆份、縮縫份，是否符合設計稿。

畫前、後袖下線

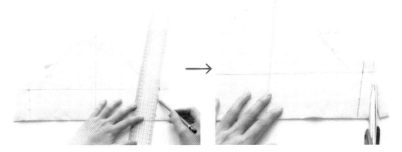

1 將胚樣從人台拿下來，仔細觀察一下線條，前、後袖下線用方格尺畫斜線。

2 沿著袖下線往外留1.5公分縫份後，將多餘的布修掉。

畫袖口

3 用方格尺按照袖口的記號線畫直線，往下留2.5公分縫份後，將多餘的布修掉。

畫前袖襱

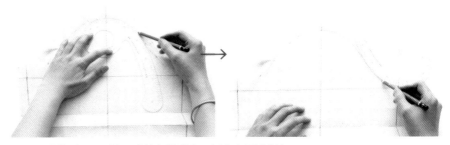

4 用D型曲線尺，按照前袖襱的記號線畫圓弧線。

畫後袖襱

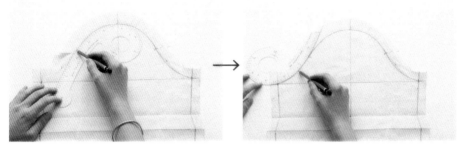

5 用D型曲線尺，按照後袖襱的記號線畫圓弧線。

畫前、後腋下點

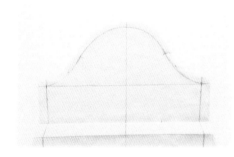

6 畫出前、後腋下點，
袖襱線往外留1公分的縫
份後，將多餘的布修掉，
完成立裁樣版。

修版後完成

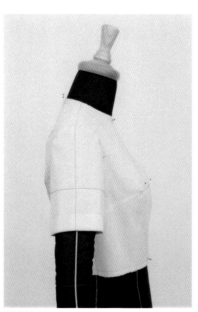

前面　　　　　　　　側面　　　　　　　　後面

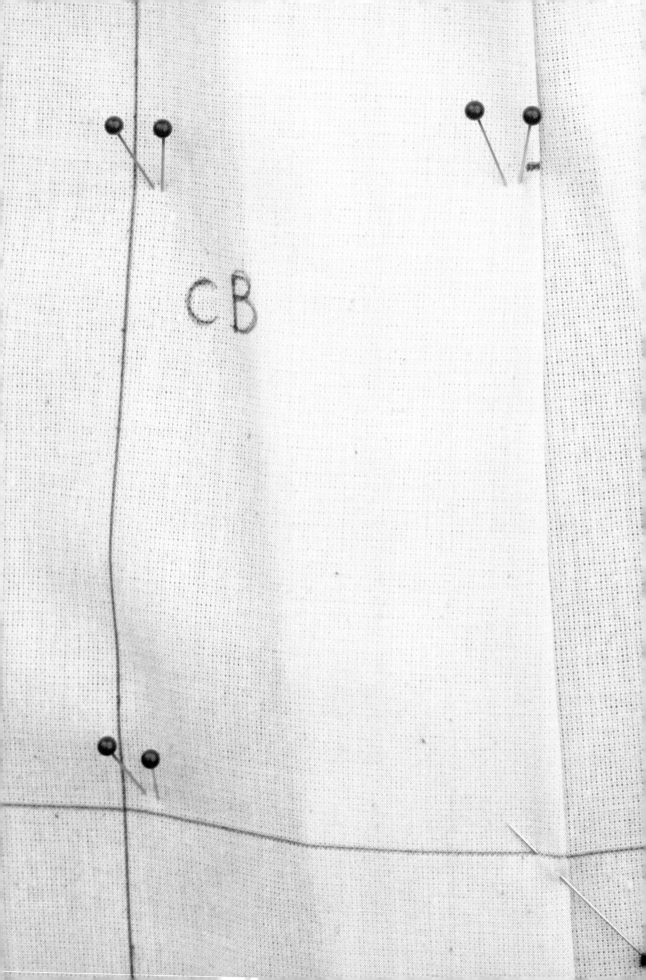

高腰娃娃裝
公主線洋裝
馬甲小禮服

高腰娃娃裝

結構分析

以高腰的剪裁、律動的波浪，展現女人俏麗
可愛的一面。

胚布準備

基準線 前、後中心線用紅筆畫線，橫布紋用藍筆
畫線。

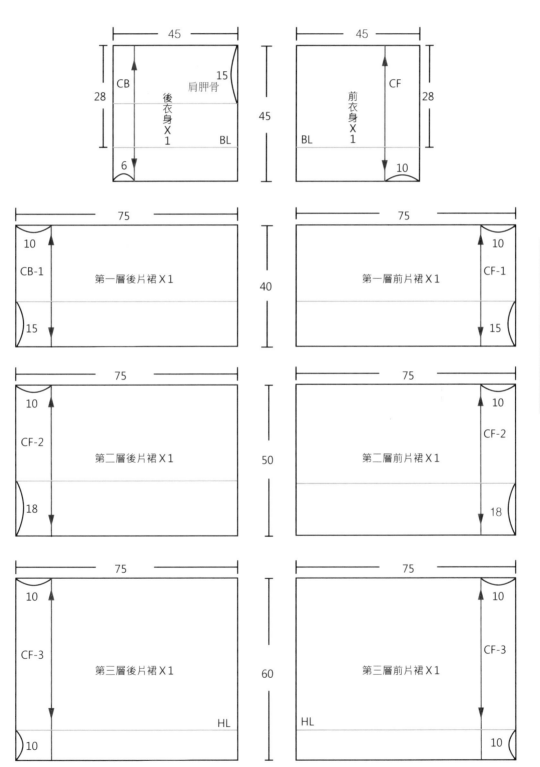

人台準備

用紅色標示帶在人台上貼出所需要的結構線：

1. V字領圍線：後頸點往下約2.5~3公分，前頸點往下約12公分。

2. 袖襱線：肩點往內約1.5~2公分，腋下點往下約1~1.5公分。

3. 肩寬約4~5公分。

4. 高腰剪接線：從前中心的腰圍線往上約6~8公分。

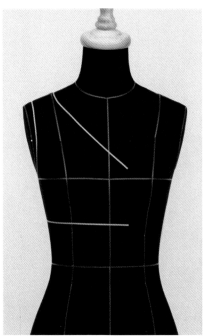
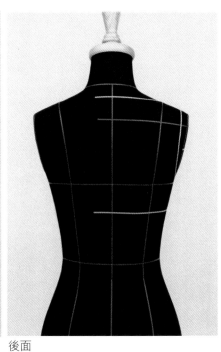

前面　　　　　　　　　　　　　　後面

製作步驟

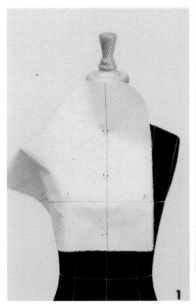

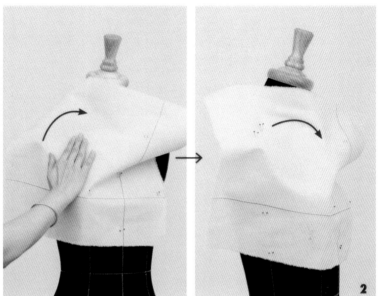

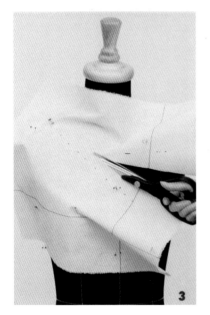

前衣身片

1 胚布上所畫的前中心線和胸圍線須對齊人台上的前中心線和胸圍線，依次用絲針V字固定法固定前中心線與領圍線交叉處、左右BP點處，高腰剪接線處則用倒V固定。

2 高腰剪接線處留0.5~1公分的鬆份（鬆份量為整圈鬆份除以四），將多餘的鬆份往脇邊推去，用絲針固定脇邊線；褶子繼續轉移至前中心線後，用絲針固定肩線。

3 用消失筆畫出V字領圍線，沿著領圍線往外留1.5公分縫份後，將多餘的布修掉。

4 沿著前中心的剪接線抓出細褶。細褶抓法：第1支絲針固定好，第2支絲針距離第一支絲針約1.5公分後，把布往前推0.7公分，再將絲針直插固定，依此類推。

5 胸圍線上留0.5~1公分的鬆份（鬆份量為整圈鬆份除以四），用絲針固定脇邊線與胸圍線處；沿著脇邊線往外留2公分、袖襱線往外留1.5公分、肩線往外留2公分的縫份後，將多餘的布修掉。

6 前衣身完成。

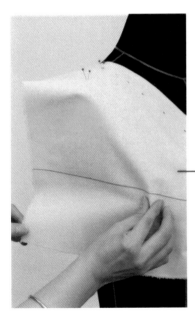

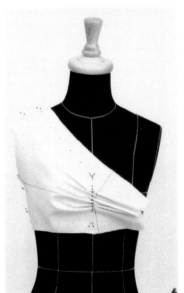

後衣身片

1 胚布上所畫的後中心線和胸圍線須對齊人台上的後中心線和胸圍線，依次用絲針V字固定法固定後中心線與領圍線交叉處、高腰剪接線處則用倒V固定。用消失筆畫出領圍線，沿著領圍線往外留1.5公分縫份後，將多餘的布修掉；接著用右手掌從肩胛骨把布撫平推至肩膀後，再用絲針直插固定肩線。

2 腰褶：在公主線上抓一支尖褶，褶寬約2~2.5公分，褶長約胸圍線往上2公分處，用絲針抓別法固定尖褶。

3 胸圍線上留0.5~1公分的鬆份（鬆份量為整圈鬆份除以四），將多餘的鬆份往脇邊推去，用絲針直插固定脇邊線，再沿著脇邊線往外留2公分縫份、袖襱線往外留1.5公分、肩線往外留2公分的縫份後，將多餘的布修掉。

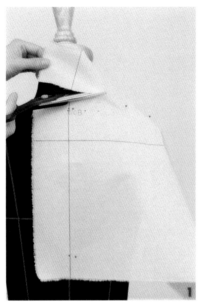
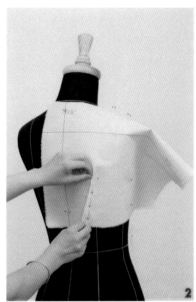

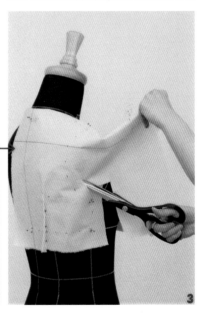

4 後衣身片完成。

5 將領圍線與袖襱線的縫份剪牙口，往內折入。用標示帶把高腰剪接線貼到胚布上，決定波浪的位置，前、後片各分3等分。

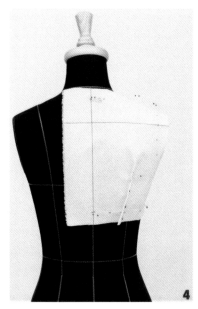

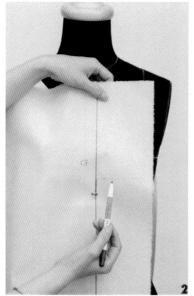

前裙片第三層

1 胚布上所畫的前中心線和臀圍線須對齊人台上的前中心線和臀圍線，依次用絲針V字固定法固定前中心線與高腰剪接線交叉處、臀圍線處。

2 前中心線與高腰剪接線交叉處用絲針V字固定後，往上2公分用消失筆畫記號。

3 沿著記號線剪牙口。

4 第1支波浪：從前中心線抓起來，左右各半支波浪，胚布的前中心線對齊人台的前中心線，波浪大小約6~8公分。在臀圍線上用絲針直插固定在人台上。

5 第2支波浪：用絲針直別在衣身的胚布上，繼續往第2支波浪點別，用消失筆畫記號。

POINT
第1支波浪決定大小後，第2、3支都一樣大小。

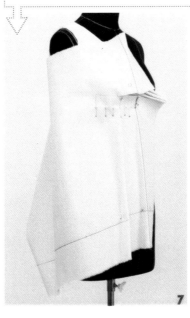

6 沿著記號線剪牙口，接著倒波浪，波浪大小約6~8公分。在臀圍線上用絲針直插固定在人台上。

7 第3支波浪：用絲針直別在衣身的胚布上，繼續往第3支波浪點別，用消失筆畫記號。

8 沿著記號線剪牙口，接著倒波浪，波浪大小約6~8公分。在臀圍線上用絲針直插固定在人台上。

9 脇邊線的波浪：用絲針直別在衣身的胚布上，繼續往脇邊波浪點別，用消失筆畫記號。沿著記號線剪牙口，接著倒波浪，波浪大小約6~8公分。在臀圍線上用絲針直插固定在人台上。脇邊線往外留2公分縫份後，將多餘的布修掉。

10 前裙片第三層完成。

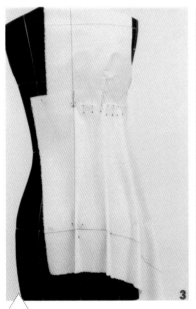

後裙片第三層

1 胚布上所畫的後中心線和臀圍線須對齊人台上的後中心線和臀圍線,依次用絲針V字固定法固定後中心線與高腰剪接線交叉處、臀圍線處。後中心線與高腰剪接線交叉處固定後,往上2公分用消失筆畫記號,沿著記號線剪牙口。

2 第1支波浪:從後中心線抓起來,左右各半支波浪,胚布的後中心線對齊人台的後中心線,波浪大小約6~8公分。在臀圍線上用絲針直插固定在人台上。

3 第2、3支波浪:做法與前裙片相同。用絲針直別在衣身的胚布上,繼續往第2、3支波浪點別,用消失筆畫記號。接著沿著記號線剪牙口、倒波浪,波浪大小約6~8公分。在臀圍線上用絲針直插固定在人台上。

4 脇邊線的波浪:用絲針直別在衣身的胚布上,繼續往脇邊波浪點別,用消失筆畫記號。沿著記號線剪牙口、倒波浪,波浪大小約6~8公分。在臀圍線上用絲針直插固定在人台上。脇邊線往外留2公分縫份後,將多餘的布修掉。

POINT
第1支波浪決定大小後,第2、3支都一樣大小。

POINT
用絲針直別在衣身的胚布上時,要注意裙片是否保持垂直平整,不可凹陷在人台的腰圍上。

5 將前、後裙片合在一起，看一下整體的波浪大小是否符合設計。

6 在脇邊的中心線做記號，前、後裙片各半支波浪，脇邊線往外留2公分縫份後，將多餘的布修掉。

7 將前、後裙片用絲針蓋別法固定。用消失筆畫出臀圍線與波浪位置的記號。

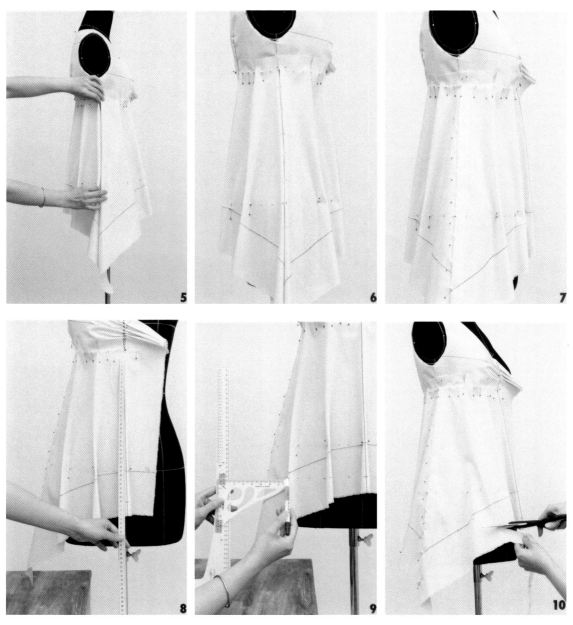

8 量出裙長後畫上記號。

9 用L型直角尺從桌面測量到裙長的記號線，L型直角尺上用紙膠帶固定三角板，用消失筆水平畫出前、後裙長。

10 裙子下襬線往外留1公分縫份後，將多餘的布修掉。

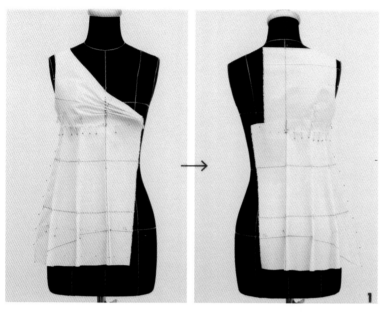

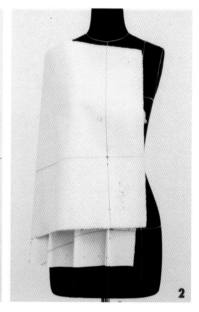

前裙片第二層

1 將第三層的裙長除以三等份後，用標示帶將第二層的剪接位置+2公分與裙長貼出來。波浪點同第三層位置。

2 胚布上所畫的前中心線和藍色線須對齊人台上的前中心線和第二層的剪接線，用絲針直別在第一層裙片的胚布上。

3 前中心線與第二層剪接線交叉處，往上2公分，用消失筆畫記號，再沿著記號線剪牙口。

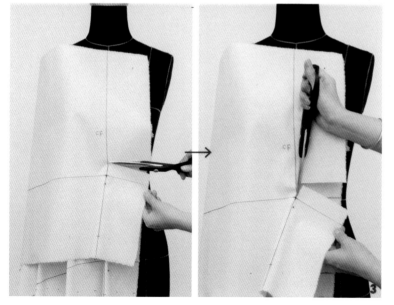

POINT
第1支波浪決定大小後，第2、3支都一樣大小。

4 第1支波浪：從前中心線抓起來，左右各半支波浪，胚布的前中心線對齊人台上的前中心線，剪第二層裙長。

5 把第三層的波浪先別好，在臀圍線上用絲針直插固定在人台上後，抓第二層的波浪；波浪大小要比第三層大約2~3公分，比較有層次感。

6 第2支波浪：將右手伸入第一層裡，將胚布撥平整後，用絲針直別在第二層剪接線的胚布上，繼續往第2支波浪點別，用消失筆畫記號。

7 沿著記號線剪牙口，用消失筆畫出裙長記號。

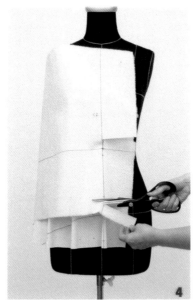

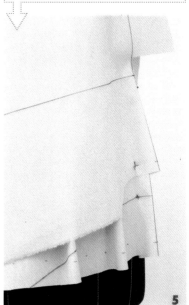

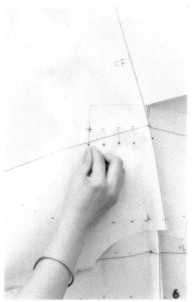

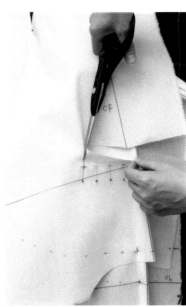

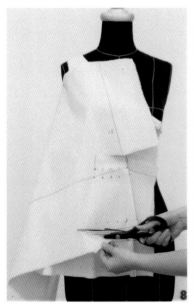

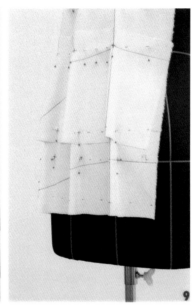

8 沿著裙長記號往外留1公分縫份後，將多餘的布修掉。

9 把第三層的第2支波浪先別好，在臀圍線上用絲針直插固定在人台上後，抓第二層的波浪，波浪大小要比第三層大約2~3公分，比較有層次感。

10 第3支波浪與脇邊線波浪作法與第2支波浪相同。

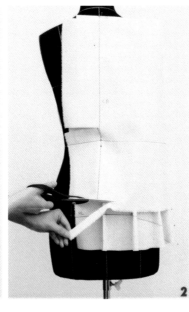

後裙片第二層

1 胚布上所畫的後中心線和藍色線須對齊人台上的後中心線和第二層的剪接線,用絲針直別在第一層裙片的胚布上。後中心線與第二層剪接線交叉處,往上2公分,用消失筆畫記號,再沿著記號線剪牙口。

2 第1支波浪:從後中心線抓起來,左右各半支波浪,胚布的後中心線對齊人台的後中心線,剪第二層的裙長。

3 接下來作法皆與前裙片第二層相同。

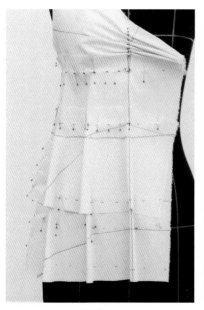

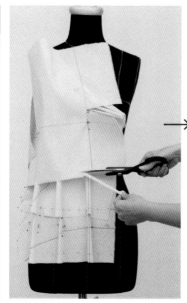

前、後裙片第一層

1 標示帶將第一層裙長貼出來，波浪點同第二、三層位置。

2 接下來做法與前裙片第2層相同。

3 完成。

可愛細褶波浪袖

1 用正斜紋布對折，畫出肩點。

2 袖子寬度約5~6公分。

3 長度是肩點至前腋點尺寸×2、肩點至後腋點尺寸×2。

4 袖襱線往外留1公分縫份，將多餘的布修掉。

5 用平針縫，縫2道後，抽成細褶。

6 將袖子放在衣身後，完成。

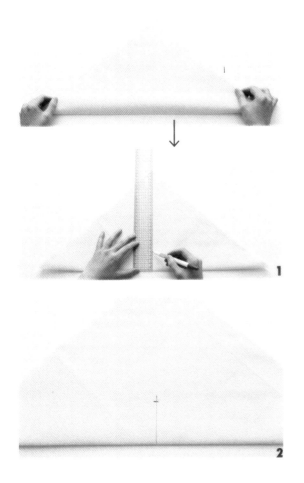

畫前、後身片

1 將胚樣從人台拿下來，仔細觀察一下線條。

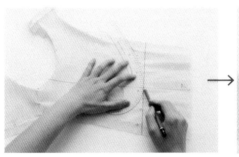 →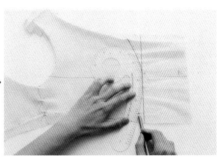

2 用D型曲線尺，按照細褶記號將前中心細褶線畫順。

3 用D型曲線尺，按照下襬記號將前、後片的下襬線畫順。

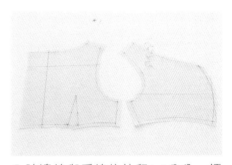

4 脇邊線與肩線往外留1.5公分，領圍線、袖襱線、前中心細褶線皆往外留1公分縫份後，將多餘的布剪掉。完成立裁樣版。

畫波浪裙

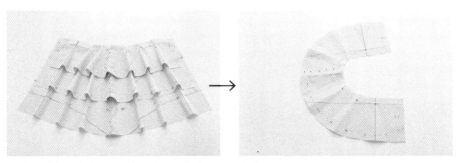

5 將胚樣從人台拿下來，仔細觀察一下線條。

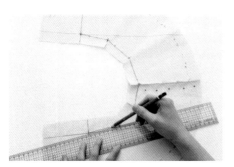

6 第一層裙片，按照記號線用方格尺畫直線。

7 第一層裙片的下襬，按照記號線用D型曲線尺畫弧線。

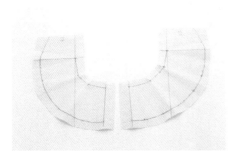

8 第一層裙片的脇邊，按照記號線用方格尺畫直線。

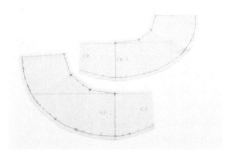

9 第一層裙片完成。

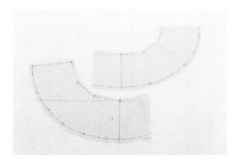

10 第二層裙片按照第一層裙片畫法。完成。

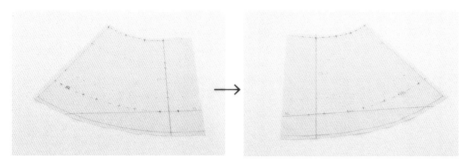

11 第三層裙片的高腰剪接線與下襬線按照記號線用大彎尺畫弧線,脇邊線則按記號線用方格尺畫直線。全部的縫份往外留1公分後,將多餘的布剪掉。完成立裁樣版。

修版後完成

前面

側面

後面

公主線洋裝

款式分析

直線條剪裁，有修身效果，展現女人優雅的一面。

胚布準備

基準線 前,後中心線與用前、後脇中心線紅筆畫線,胸圍線用藍筆畫線。

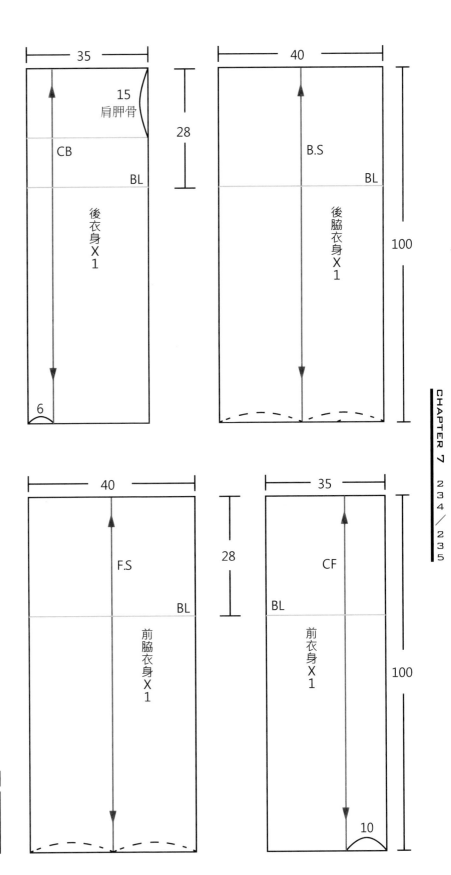

後衣身X1

CB

BL

15
肩胛骨

28

35

6

後脇衣身X1

B.S

BL

40

100

前脇衣身X1

F.S

BL

40

28

前衣身X1

CF

BL

35

100

10

小蓋袖X1

35

18

人台準備

用紅色標示帶在人台上貼出所需要的結構線：

1. 從肩膀開始沿著前、後公主線貼到中腹圍後，慢慢往外順貼到下襬外3~5公分。

2. 後領圍下降約1公分，側頸點往外約1公分，前頸線下降約1.5~2公分。

3. 袖襱線：肩點往內約1~1.5公分，腋下點下降約1~1.5公分。

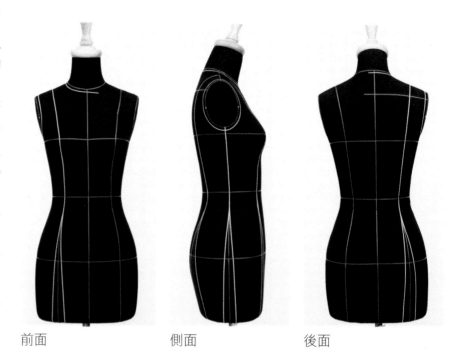

前面　　　　　側面　　　　　後面

製作步驟

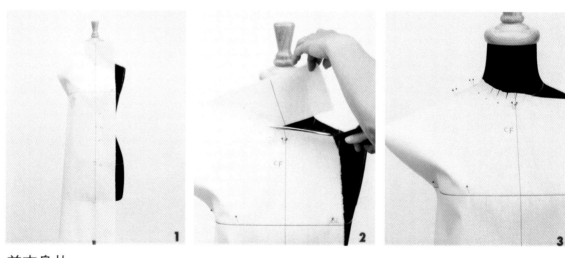

前衣身片

1 胚布上所畫的前中心線和胸圍線須對齊人台上的前中心線和胸圍線，依次用絲針V字固定法固定前中心線與領圍線交叉處、左右BP點處；腰圍線上、下各5公分處用橫別固定，臀圍處、下襬處則用倒V固定。胸圍線保持水平至脇邊線，用絲針V字固定法固定。

2 用消失筆暫時畫出領圍線，沿著領圍線往外留1.5公分縫份後，將多餘的布修掉並剪牙口。

3 用右手掌從胸膛把布撫平推至肩膀後，用絲針固定側頸點與公主線剪接點。沿著肩線往外留2公分縫份後，將多餘的布修掉。

POINT
從臀圍線至裙襬用角尺畫直線。

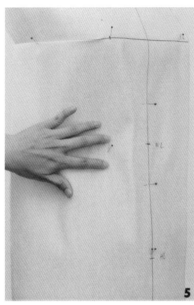

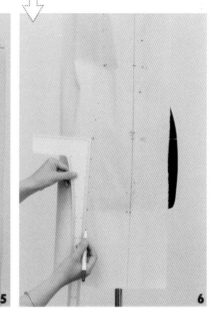

4 把脇邊褶順著胸圍線折入，用絲針直插固定。

5 腰圍線處用絲針直插固定。

6 沿著前公主線到中腹圍再到下襬，用消失筆畫出記號。

7 沿著公主線往外留1.5公分縫份後，將多餘的布修掉。腰圍線與腰圍線上、下3公分處各剪一刀，把腰圍鬆份再推掉一些。

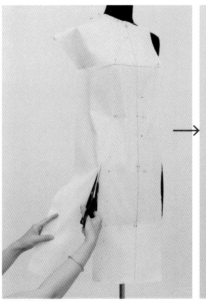

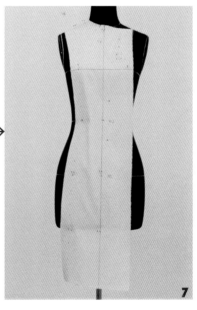

前脇片

1 前脇片的中心線用角尺垂直胸圍線後，以臂圍的一半用消失筆畫出直線，接著以標示帶貼出直線。

2 胚布上所畫的前脇中心線和胸圍線須對齊人台上的前脇中心線和胸圍線，依次用絲針V字固定法固定前脇中心線與右BP點處、左脇邊線；腰圍線上、下各5公分處用橫別固定，臀圍處、下襬處則用倒V固定。

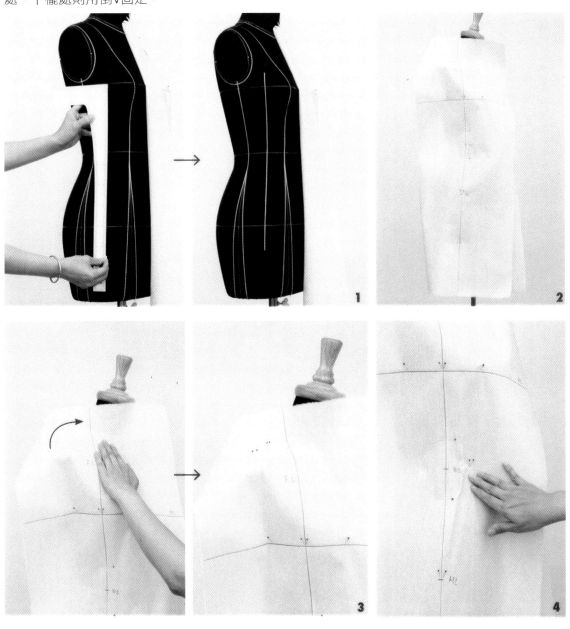

3 用右手掌從胸膛把布撫平推至領圍後，用絲針固定肩點與公主線剪接點。

4 公主線與腰圍線處用絲針直插固定。

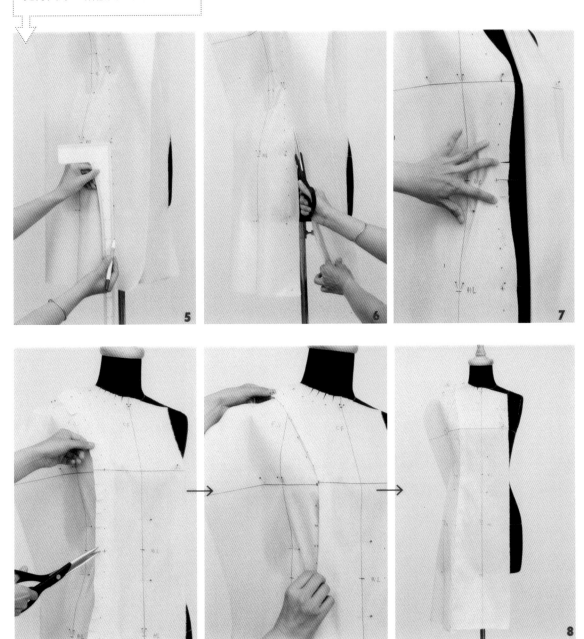

5 沿著前公主線到中腹圍再到下襬，用消失筆畫出記號。

6 沿著公主線往外留1.5公分的縫份後，將多餘的布修掉。

7 公主線上的腰圍線與腰圍線上、下各3公分各剪一刀，把腰圍鬆份再推掉一些。

8 前衣身片的公主線上剪牙口後，把縫份折入，用絲針蓋別固定。

POINT
從臀圍線至裙襬用角尺畫直線。

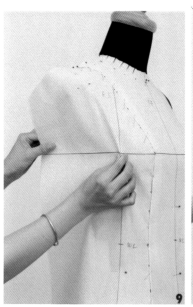

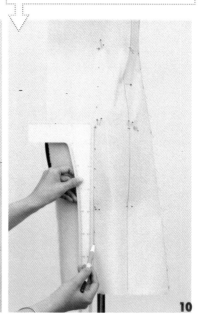

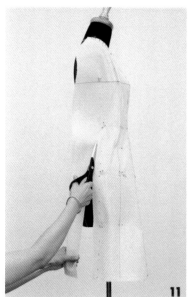

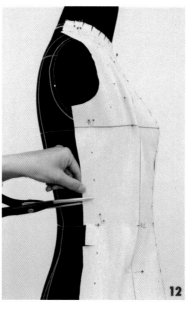

9 前脇片在胸圍線上留 1~1.5公分的鬆份（鬆份量為整圈鬆份除以四），用絲針固定脇邊線與胸圍線處。

10 沿著脇邊線用消失筆畫出記號。

11 沿著脇邊線往外留2公分縫份、袖襱線往外留1.5公分縫份後，將多餘的布修掉。

12 脇邊的腰圍線與腰圍線上、下各3公分各剪一刀，把腰圍鬆份再推掉一些。

後衣身片

1 胚布上所畫的後中心線和胸圍線須對齊人台上的後中心線和胸圍線，依次用絲針V字固定法固定前中心線與領圍線交叉處、胸圍線處；腰圍線上、下各5公分處用橫別固定，臀圍處、下襬處則用倒V固定；胸圍線保持水平至脇邊線，用絲針V字固定法固定。

2 用消失筆暫時畫出領圍線，沿著領圍線往外留1.5公分縫份後，將多餘的布修掉並剪牙口。

3 用右手掌從胸膛把布撫平推至肩膀後，以絲針固定側頸點與公主線剪接點。沿著肩線往外留2公分縫份後，將多餘的布修掉。

4 腰圍線處用絲針直插固定。

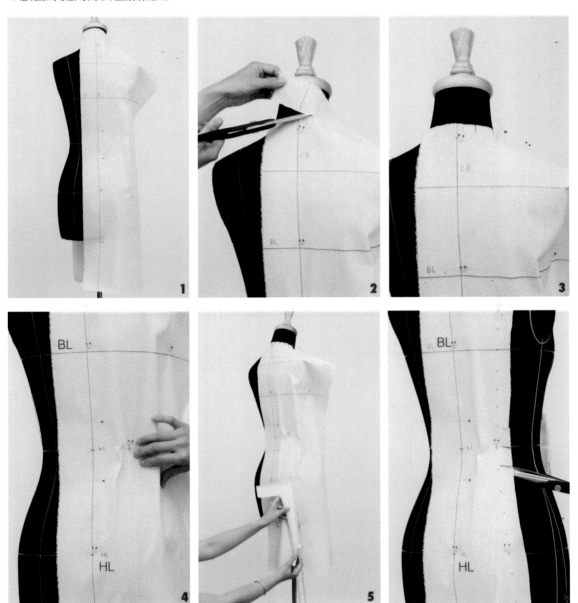

5 沿著公主線到臀圍再到下襬，用消失筆畫出記號。

6 沿著公主線往外留1.5公分的縫份後，將多餘的布修掉。公主線上的腰圍線與腰圍線上、下3公分處各剪一刀，把腰圍鬆份再推掉一些。

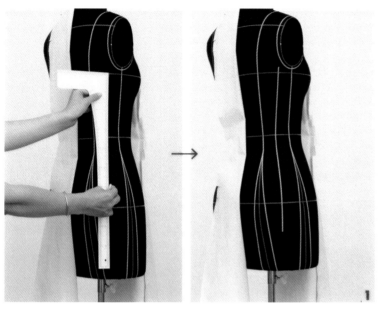

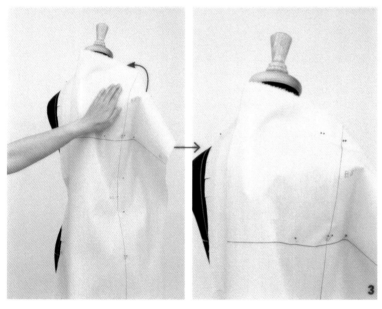

後脇片

1 後脇片的中心線用角尺垂直胸圍線後，以消失筆畫出直線，接著用標示帶貼出直線。

2 胚布上所畫的後脇中心線和胸圍線須對齊人台上的後脇中心線和胸圍線，依次用絲針V字固定法固定後脇中心線、左公主線剪接處、右脇邊線；腰圍線上、下各5公分處用橫別固定，臀圍處、下襬處則用倒V固定。

3 用右手掌從肩胛骨把布撫平推至領圍後，用絲針固定肩點與公主線剪接點。

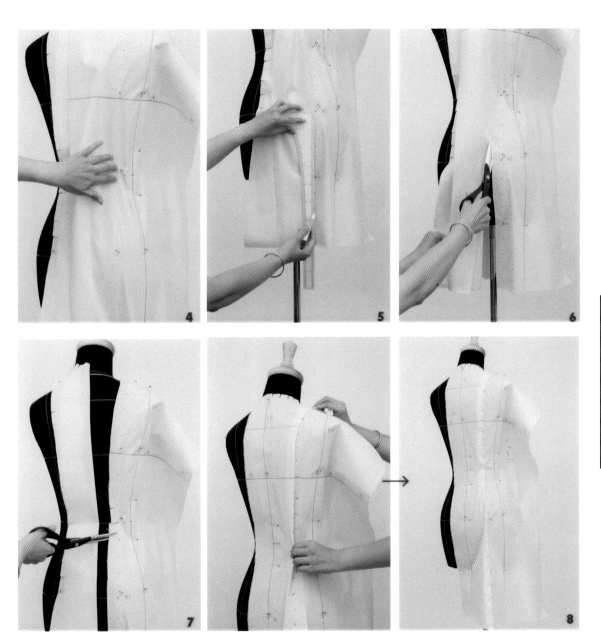

4 腰圍線處用絲針直插固定。

5 沿著公主線到臀圍再到下襬，用消失筆畫出記號。

6 沿著公主線往外留1.5公分縫份後，將多餘的布修掉。

7 腰圍線與腰圍線上、下3公分處各剪一刀，把腰圍鬆份再推掉一些。

8 後身片的公主線上剪牙口後，把縫份折入，用絲針蓋別法固定。

9 後脇片在胸圍線上留
1~1.5公分的鬆份（鬆份量為
整圈鬆份除以四），用絲針
固定脇邊線與胸圍線處。

10 沿著脇邊線用消失筆畫
出記號。

11 沿著脇邊線往外留2公分
縫份、袖襱線往外留1.5公
分縫份後，將多餘的布修
掉。

12 脇邊的腰圍線與腰圍線
上、下3公分處各剪一刀，
把腰圍鬆份再推掉一些。

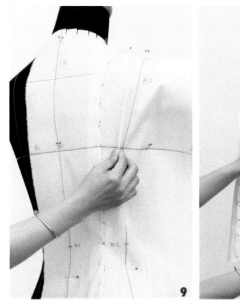

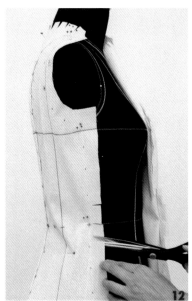

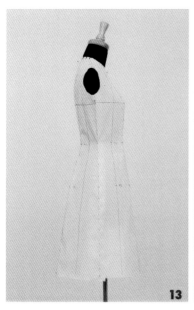

13 將前、後脇邊用絲針蓋別固定。

14 從前中心的腰圍線往下量出裙子的長度。

15 用L型直角尺從桌面測量到裙長的記號線，L型直角尺上用紙膠帶固定三角板，用消失筆水平畫出前、後裙長。

16 完成。

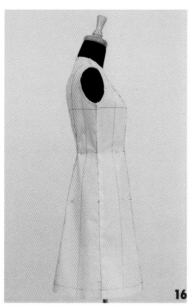

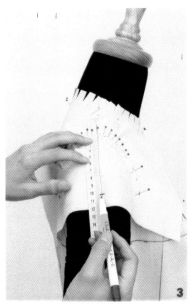

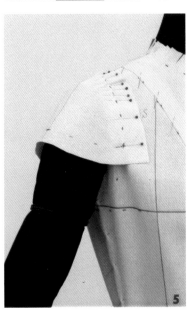

小蓋袖

1 將手臂插在臀圍線上5公分處固定。胚布上所畫的中心線須對齊人台上手臂的中心線，用絲針固定肩點、前、後腋下點。

2 將前、後袖襱的鬆份，用絲針慢慢推成縮縫後固定，鬆份平均分散在肩點與前、後腋點之間。用消失筆畫出前、後袖襱的記號。

3 從肩點量出袖長約10公分。

4 沿著袖襱線往外留1.5公分縫份、袖口線往外留1.5公分縫份後，將多餘的布修掉。

5 完成。仔細觀察外輪廓、寬鬆份、縮縫份，是否符合設計稿。

畫下襬線

1 按照記號將前、後下襬線畫順，須注意前、後下襬線與前、後中心線要先用方格尺畫一小段垂直線約5~7公分，再用大彎尺連接至脇邊線，完成裙身的下襬。接著留3公分縫份後，將多餘的布剪掉。

畫領圍

2 前中心的領圍線先用方格尺畫一小段垂直線約0.5公分、後中心的領圍線先用方格尺畫一小段垂直線約2公分，再用D型曲線尺將領圍線畫順。

畫袖襱線

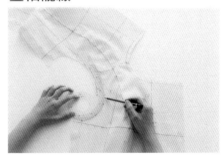

3 按照記號線，用D型曲線尺將袖襱線畫順。

畫肩線

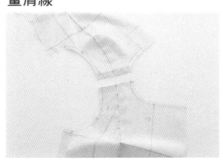

4 按照肩線的記號線，用方格尺畫直線。

畫前、後脇邊線與前、後公主線

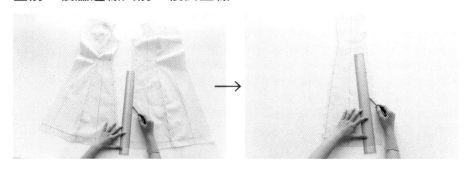

5 按照前、後脇邊線與前、後公主線的記號線，從臀圍線至下襬用方格尺畫直線。

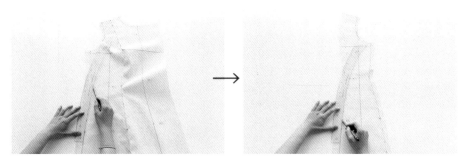

6 按照前、後脇邊線與前、後公主線的記號線，從腰圍線至臀圍線用大彎尺畫順。

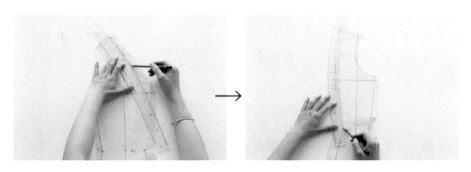

7 按照前、後脇邊線與前、後公主線的記號線，從肩線至胸圍線至腰圍線用大彎尺畫順。

畫前脇片

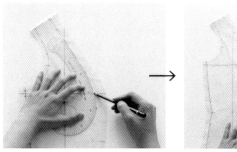

8 按照公主線的記號線，從胸圍線至腰圍線用D型曲線尺畫弧線。

9 領圍線往外留1公分縫份，肩線往外留1.5公分縫份，袖襱線往外留1公分縫份，脇邊線往外留1.5公分縫份，腰圍線往外留1公分縫份，公主線往外留1公分縫份後，將多餘的布剪掉。完成立裁樣版。

畫小蓋袖

10 前袖襱用D型曲線尺畫圓弧線。

11 後袖襱用D型曲線尺畫圓弧線。

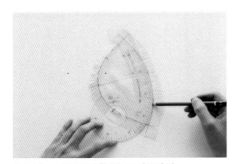

12 袖口用D型曲線尺畫弧線。

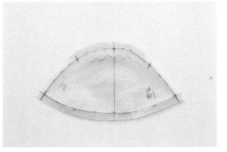

13 小蓋袖完成。

修版後完成

前面

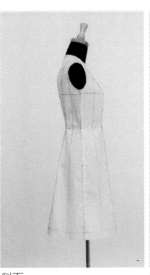

側面

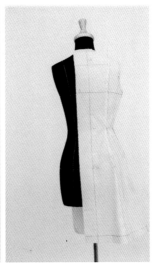

後面

馬甲小禮服

款式分析

以貼身低胸的剪裁，展現女人性感的一面。

胚布準備

基準線 中心線用紅筆畫線，臀圍線用藍筆畫線。

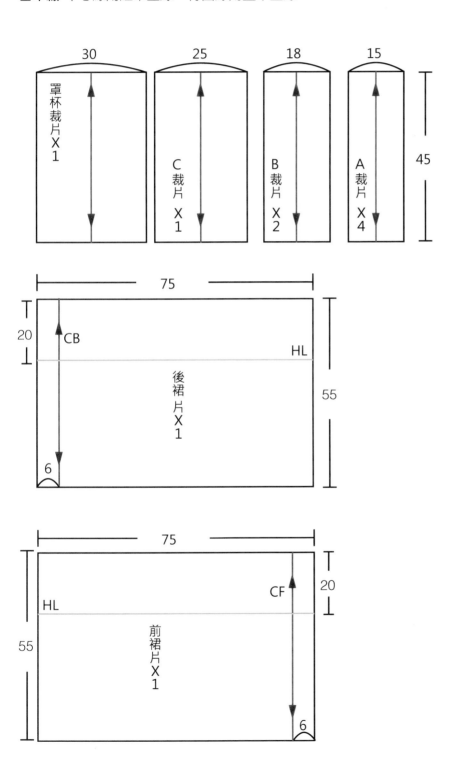

人台準備

用紅色標示帶在人台上貼出所需要的結構線：

1. 先將罩杯用絲針直插固定在人台上。

2. 罩杯的剪接線最好經過或接近B.P點，以避免產生褶子。

3. 衣身部分從右半邊的前中心至後中心之間，最好切割成5~7片，貼好後看整體線條，是否達到瘦身與優美的要求。

4. 後中心設計綁帶子，可適當的調整鬆緊度。

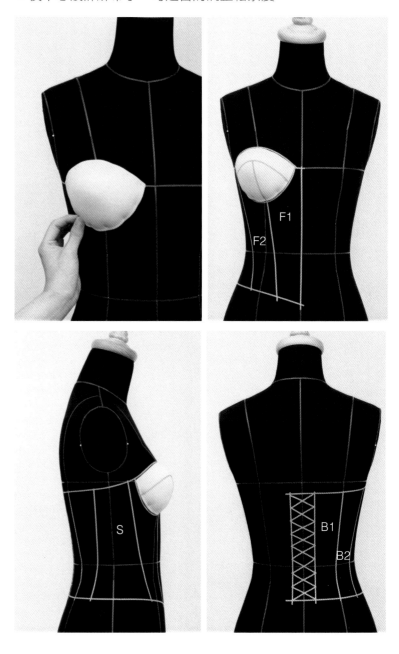

製作步驟

罩杯

1 上片：罩杯的裁片用正斜紋布，把胚布放上後左右微微拉緊，完全貼合胸墊，再用絲針直插固定；接著用消失筆畫記號、四周圍留1.5公分後，將多餘的布修掉並剪牙口。

2 前中片：罩杯的裁片用正斜紋布，把胚布放在前中後微微拉緊，完全貼合胸墊，再用絲針直插固定；接著用消失筆畫記號、四周圍留1.5公分後，將多餘的布修掉並在罩杯下緣剪牙口。

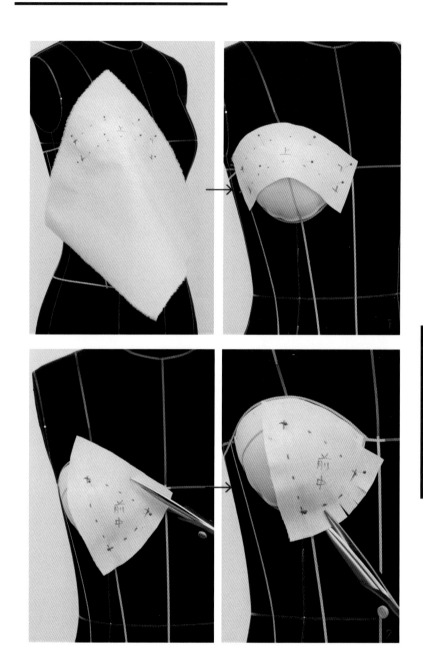

3 前脇片：罩杯的裁片用正斜紋布，把胚布放在前脇後微微拉緊，完全貼合胸墊，再用絲針直插固定；接著用消失筆畫記號，四周圍留1.5公分後，將多餘的布修掉並在罩杯下緣剪牙口。

4 把3片罩杯用絲針蓋別固定後，再別在罩杯上。

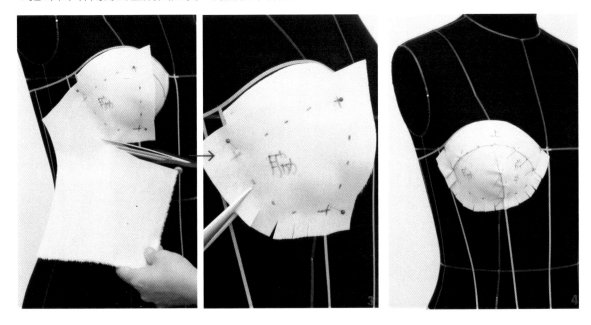

前衣身

從前中編號F1，F2，S至後中編號B1，B2，依序將每片裁片做出來。

1 衣身 F1：按照剪接線大小，拿適當A或B裁片。胚布上所畫的中心線須對齊人台上前中心線，依次用絲針V字固定法固定前中心線與胸圍線交叉處、腰圍線處，衣襬則用倒V固定。

2 在罩杯下緣用消失筆畫記號，往外留1.5公分縫份後，將多餘的布修掉，並在罩杯下緣剪牙口，用絲針蓋別固定。

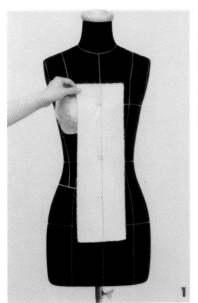

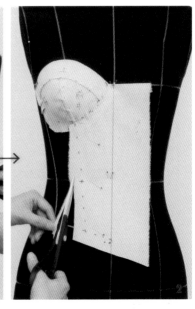

3 將胚布微微拉緊，完全貼合人台後，再用絲針橫別固定；接著用消失筆畫出剪接線的記號，往外留1.5公分後，將多餘的布修掉並剪牙口。

4 衣身F2：按照剪接線大小，拿適當A或B裁片。胚布上所畫的中心線須對齊人台上衣身F2的中心，依次用絲針V字固定法固定胸下圍處、腰圍線處，衣襬則用倒V固定。

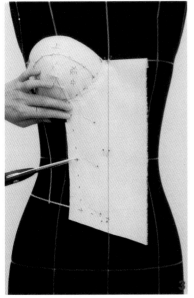

5 在罩杯下緣用消失筆畫記號，往外留1.5公分後，將多餘的布修掉，並剪牙口。

6 將胚布微微拉緊，完全貼合人台，再用絲針橫別固定；接著用消失筆畫出剪接線的記號，往外留1.5公分後，將多餘的布修掉並剪牙口。

7 衣身F1與F2的剪接線與罩杯下緣用絲針蓋別法固定；接著用消失筆畫出剪接線的記號，往外留1.5公分後，將多餘的布修掉並剪牙口。

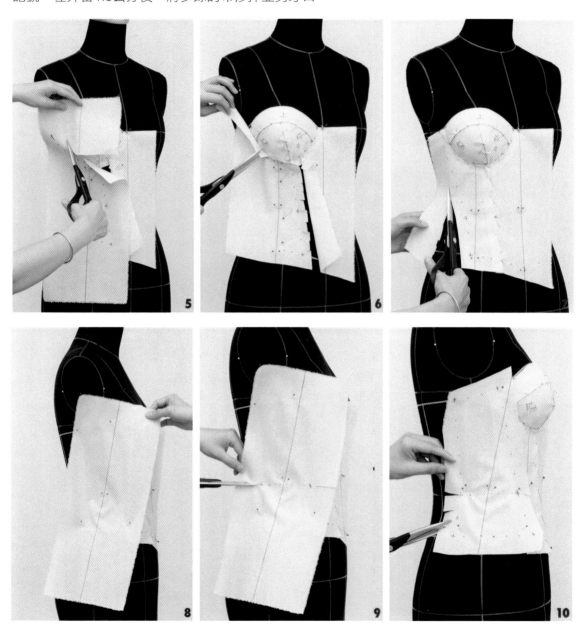

8 脇邊S：此剪接線跨越前脇與後脇，腰臀角度落差較大，所以需要用正斜紋布，好拉伸避免產生橫皺紋，拿C裁片。胚布上所畫的中心線放成斜紋後，依次用絲針V字固定法固定胸圍線處、腰圍線處，衣襬則用倒V固定。

9 左右腰圍線處各剪一刀牙口。

10 將胚布微微拉緊，完全貼合人台後，再用絲針橫別固定；接著用消失筆畫出剪接線的記號，往外留1.5公分後，將多餘的布修掉並剪牙口。

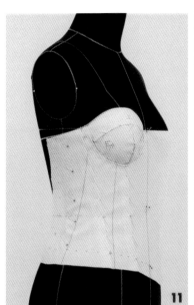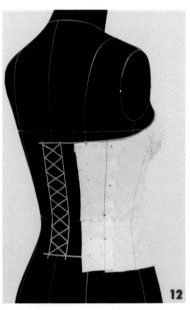

11 衣身F2與S的剪接線用絲針蓋別法固定。

12 衣身B2與B1的作法同衣身F2的作法。

13 完成。

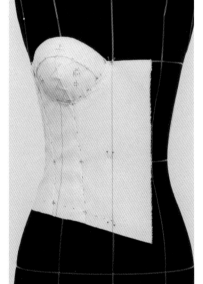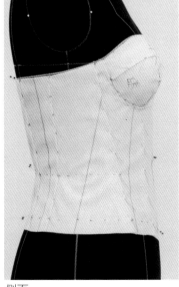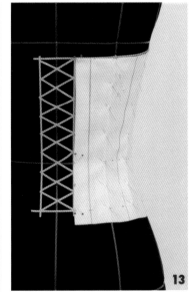

前面　　　　　側面　　　　　後面

蓬蓬裙前裙片

1 將馬甲的衣襬用標示帶貼出來。

2 胚布上所畫的前中心線和臀圍線須對齊人台上的前中心線和臀圍線，依次用絲針V字固定法固定前中心線與馬甲的衣襬剪接線交叉處、臀圍線處，下襬處則用倒V固定。

3 沿著馬甲衣襬的剪接線抓出細褶。

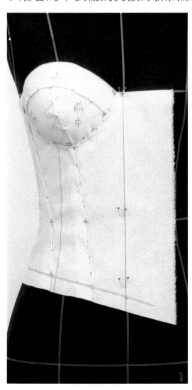

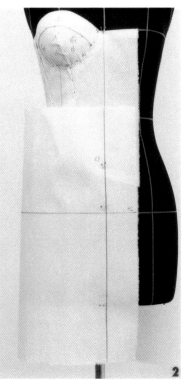

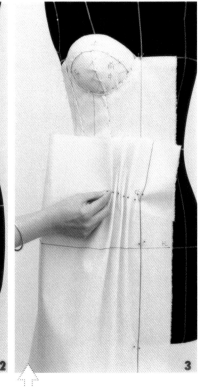

POINT

細褶抓法：第1支絲針固定好，第2支絲針距離第一支絲針約1.5公分後，把布往前推0.7公分，並用絲針直插固定；依此類推。

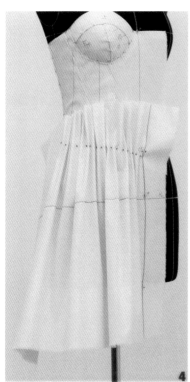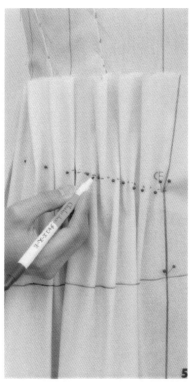

4 細褶推超過公主線後，臀圍線慢慢下降，脇邊作出A字感。

5 用消失筆畫出剪接線與脇邊線的記號。

6 沿著剪接線的記號，往外留1.5公分後，將多餘的布修掉。

蓬蓬裙後裙片

1 胚布上所畫的後中心線和臀圍線須對齊人台上的後中心線和臀圍線，依次用絲針V字固定法固定後中心線與馬甲的衣襬剪接線交叉處、臀圍線處，下襬處則用倒V固定。細褶作法同前裙片。

2 用消失筆畫出剪接線與脇邊線的記號。沿著剪接線的記號往外留1.5公分、脇邊線的記號往外留2公分，接著將多餘的布修掉。

3 將前、後脇邊用絲針蓋別固定。

4 從腰圍線往下量出裙子的長度。

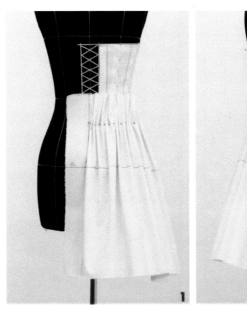

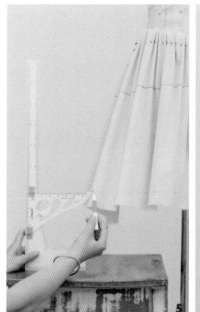 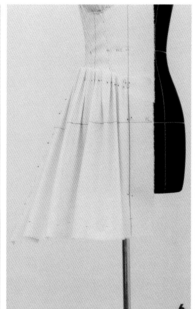 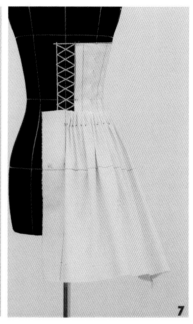

5 用L型直角尺從桌面測量到裙長的記號線，L型直角尺上用紙膠帶固定三角板，用消失筆水平畫出前、後裙長。

6 前片裙完成。

7 後片裙完成。

畫罩杯

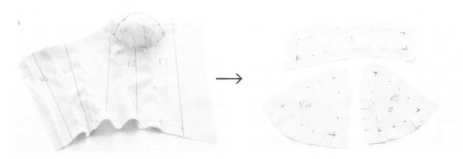

1 將胚樣從人台拿下來，仔細觀察一下線條。

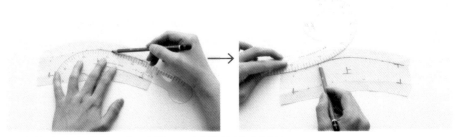

2 上裁片的上緣按照記號線用D型曲線尺畫弧線。

3 上裁片的下緣按照記號線要用D型曲線尺畫弧線。前中與脅邊用方格尺畫直線。

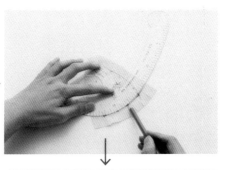

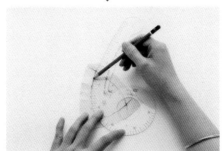

4 前中裁片按照記號線用D型曲線尺畫圓弧線。

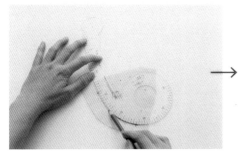

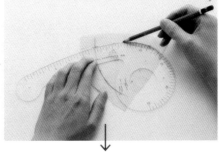

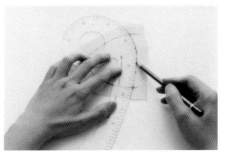

5 前脇裁片按照記號線用D型曲線尺畫圓弧線。

畫衣身

6 將胚樣從人台拿下來，仔細觀察一下線條。

7 F1裁片按照胸下圍記號線用D型曲線尺畫圓弧線。

8 F1裁片的剪接線按照記號線用大彎尺畫弧線。

9 F2裁片按照胸下圍記號線用D型曲線尺畫圓弧線。

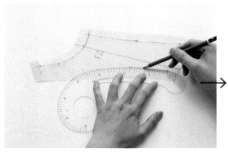

10 F2裁片的剪接線按照記號線用大彎尺與D型曲線尺畫弧線。

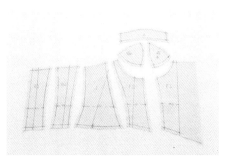

11 依此類推畫出S、B2、B1的線條後，全部的縫份往外留1公分後，將多餘的布剪掉。完成立裁樣版。

畫蓬蓬裙

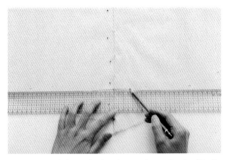

12 將胚樣從人台拿下來，仔細觀察一下線條。前中心線與後中心線要用方格尺畫一小段垂直線約20公分、脇邊用方格尺畫垂直線約3公分。

13 前、後片的下襬按照記號線用大彎尺畫順。

14 前、後片的剪接線按照記號線用大彎尺畫順。

15 前、後脇邊分開，臀圍線至下襬用方格尺畫直線，臀圍線至剪接線用大彎尺畫弧線。

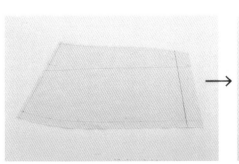

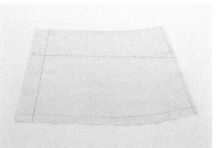

16 剪接線往外留1公分，下襬往外留3公分，脇邊線往外留1.5公分的縫份後，將多餘的布剪掉。完成立裁樣版。

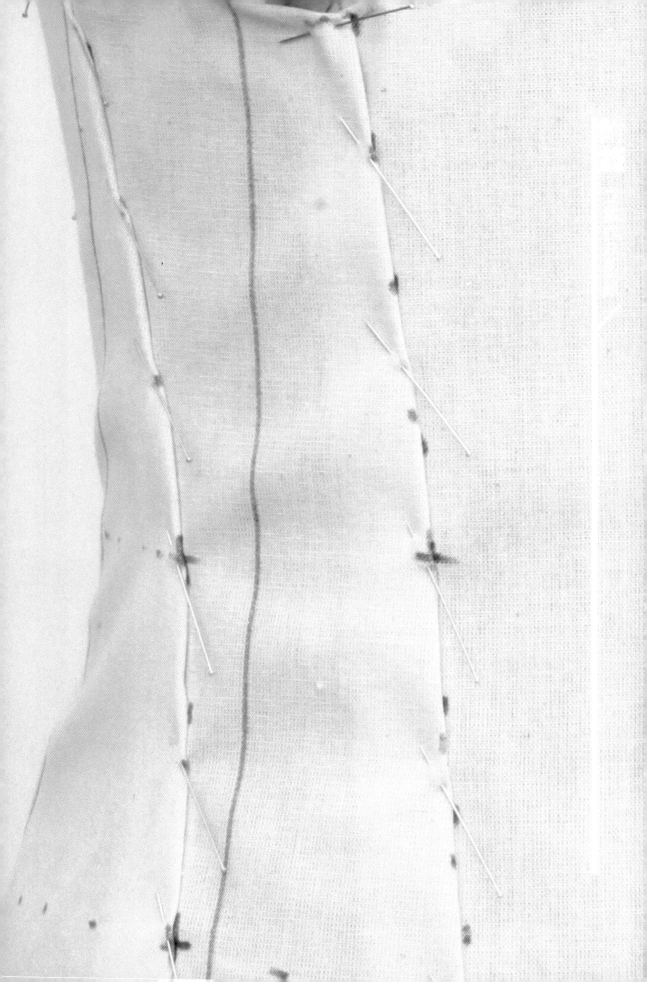

肩膀活褶上衣

高腰娃娃裝

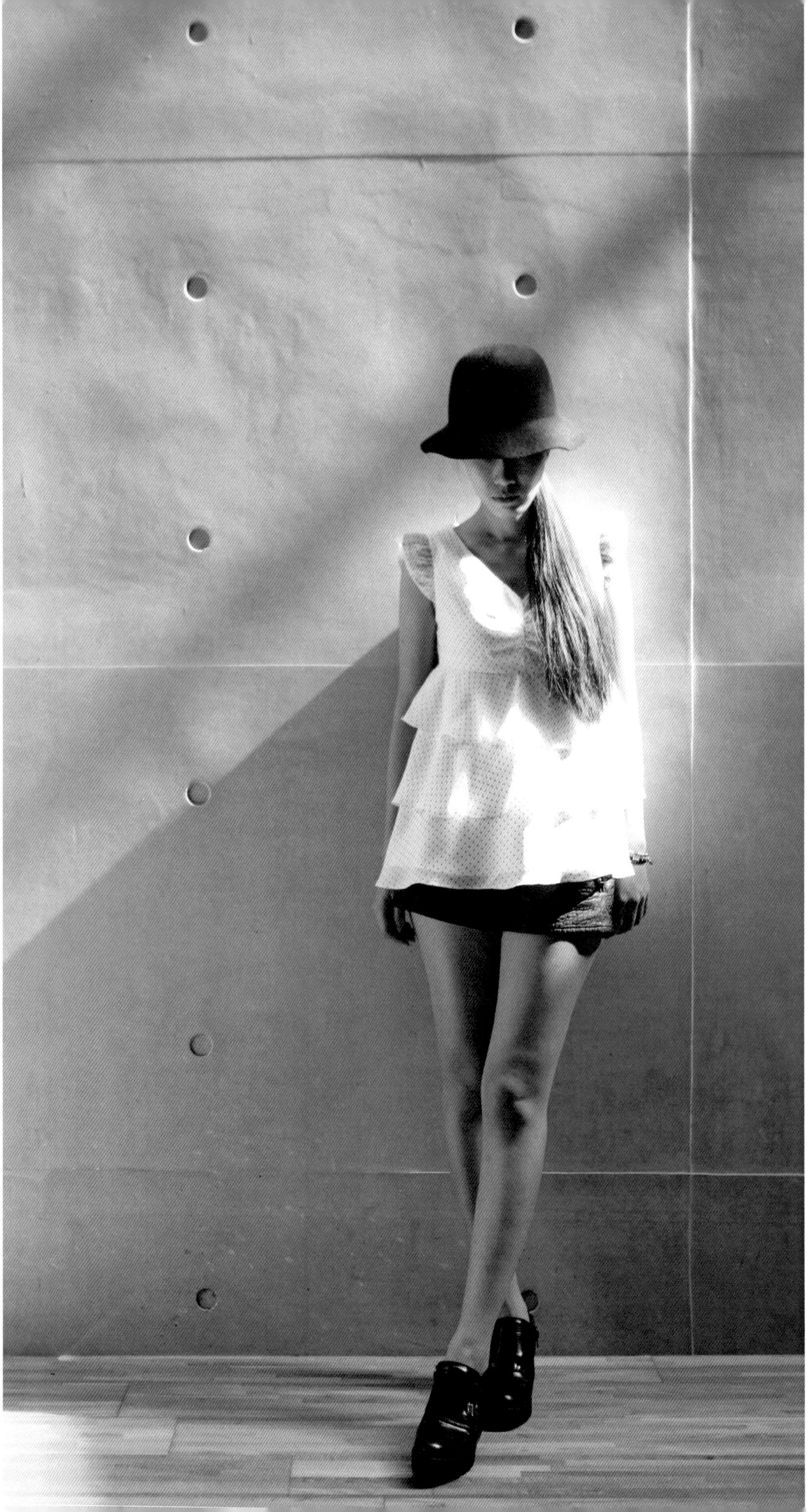

襯衫領／泡泡袖

國民領背心

公主線洋裝

立領上衣／基本袖

馬甲小禮服

波浪領上衣

不對稱活褶洋裝

長版衫上衣／翻領／A字裙

削肩細褶上衣／高腰魚尾裙

垂墜羅馬領上衣

帕奈兒剪接線上衣／窄管袖／基本裙／基本上衣

海軍領襯衫／低腰剪接單褶裙

高腰剪接線上衣

服裝立體裁剪與設計
draping
for
fashion design

作者	張惠晴
服裝畫	李惠菁
攝影	王正毅
美術設計	瑞比特設計
社長	張淑貞
副總編輯	許貝羚
特約編輯	王韻鈴
行銷企劃	曾于珊

發行人	何飛鵬
事業群總經理	李淑霞
出版	城邦文化事業股份有限公司 麥浩斯出版
地址	104台北市民生東路二段141號8樓
電話	02-2500-7578
傳真	02-2500-1915
購書專線	0800-020-299
發行	英屬蓋曼群島商家庭傳媒股份有限公司城邦分公司
地址	104台北市民生東路二段141號2樓
電話	02-2500-0888
讀者服務電話	0800-020-299（9:30AM~12:00PM；01:30PM~05:00PM）
讀者服務傳真	02-2517-0999
讀這服務信箱	csc@cite.com.tw
劃撥帳號	19833516
戶名	英屬蓋曼群島商家庭傳媒股份有限公司城邦分公司
香港發行	城邦〈香港〉出版集團有限公司
地址	香港灣仔駱克道193號東超商業中心1樓
電話	852-2508-6231
傳真	852-2578-9337
Email	hkcite@biznetvigator.com
馬新發行	城邦〈馬新〉出版集團Cite(M) Sdn Bhd
地址	41, Jalan Radin Anum, Bandar Baru Sri Petaling, 57000 Kuala Lumpur, Malaysia.
電話	603-9057-8822
傳真	603-9057-6622
製版印刷	凱林彩印股份有限公司
總經銷	聯合發行股份有限公司
地址	新北市新店區寶橋路235巷6弄6號2樓
電話	02-2917-8022
傳真	02-2915-6275
版次	初版13刷2024年3月
定價	新台幣498元/港幣166元

Printed in Taiwan

國家圖書館出版品預行編目(CIP)資料

服裝立體裁剪與設計 / 張惠晴著. – 初版. – 臺北市：麥浩斯出版：家庭傳媒城邦分公司發行, 2016.03
　面；　公分
ISBN 978-986-408-102-8(平裝)

1.服裝設計 2.縫紉

423.2　　　104022805